DANPIANJI

YINGYONG
JISHU RUMEN

单片机
应用技术入门

吉红　刘彦磊　宿曼　主编

化学工业出版社

·北京·

图书在版编目（CIP）数据

单片机应用技术入门/吉红，刘彦磊，宿曼主编.—北京：
化学工业出版社，2015.6 （2017.3重印）
ISBN 978-7-122-23622-7

Ⅰ.①单… Ⅱ.①吉…②刘…③宿… Ⅲ.①单片微型计算机
Ⅳ.①TP368.1

中国版本图书馆 CIP 数据核字（2015）第 073351 号

责任编辑：卢小林　　　　　　　　　　　　装帧设计：王晓宇
责任校对：宋　玮

出版发行　化学工业出版社（北京市东城区青年湖南街 13 号　邮政编码 100011）
印　　装　三河市延风印装有限公司
787mm×1092mm　1/16　印张 13　字数 339 千字　2017 年 3 月北京第 1 版第 2 次印刷

购书咨询：010-64518888（传真：010-64519686）　售后服务：010-64518899
网　　址：http：//www.cip.com.cn
凡购买本书，如有缺损质量问题，本社销售中心负责调换。

定　　价：39.00 元

前　言

　　本书是为满足高职高专电子技术、自动化、机电一体化、机械电子等专业学生学习单片机应用技术课程而编写的一本通用教材。特别适合单片机及其编程语言的初学者，既可作为高职院校单片机课程教材，也可作为科技人员学习开发单片机的参考书。

　　单片机应用技术是一门实践性较强的课程，知识点多，内容抽象，学习有难度，在本书的编写过程中注重学用结合、学练结合，以实例为切入点，通过实例将单片机的知识进行合理整合，学生通过每个项目中基础知识、电路设计、电路制作、编程仿真和程序调试几部分的学习，可以较好地掌握单片机应用技术。

　　本书主要特点如下。

　　1. 本书采用项目化教学模式，实例过程描述清楚详细，在每个知识单元中，将基础知识和实践操作紧密结合，不但增加了知识的易学性，而且适应了实践教学环节的需要。

　　2. 从应用实例的角度熟悉编程语言和单片机的应用思路和方法，每个应用实例包括汇编语言编程的样例、C语言编程的样例、Keil软件编程过程和调试过程、Proteus软件仿真的过程等，个别实例配合实际的电路板，将抽象的知识具体化，以便读者了解单片机应用过程。

　　3. 采用汇编语言和C语言两种编程语言，可以使读者掌握两种编程语言的应用方法，提高了学习效果。

　　4. 教材中尽量多用图片和事例描述，便于读者理解，对单片机基本知识描述以够用为度，避免大篇幅的文字叙述，文字描述简练，思路清晰，深入浅出，内容安排符合教学规律，同时对于自学的读者容易学习，能够很快入门。

　　本书由天津渤海职业技术学院吉红、刘彦磊和河北化工医药职业技术学院宿曼担任主编，天津渤海职业技术学院闫昆、张佳、杨霞、王晓岚和天津机电职业技术学院李丽为参编。书中第一章由吉红编写，第二章由张佳和刘彦磊共同编写，第三章由刘彦磊编写，第四章由李丽编写，第五章由闫昆编写，第六章由宿曼和杨霞共同编写，第七章由闫昆和王晓岚共同编写。

　　由于时间仓促，编者水平有限，书中难免有不妥之处，敬请各位读者和专家批评指正。

编者

目 录

第一章　单片机基础 ……………… 1

任务一　认识单片机 ………………… 1
一、什么是单片机? …………………… 1
二、单片机的应用 ……………………… 1
三、单片机与嵌入式系统 ……………… 2
四、单片机的发展 ……………………… 3
五、80C51 单片机的家族简介 ………… 3

任务二　计算机中数据的表示方法 …… 4
一、计算机中的数制 …………………… 4
二、编码 ………………………………… 6

任务三　单片机的内部结构 ………… 8
一、单片机的引脚和功能 ……………… 10
二、存储器的配置 ……………………… 11
三、复位操作和复位电路 ……………… 16
四、时钟电路 …………………………… 17
五、并行 I/O 端口 ……………………… 18

任务四　单片机最小系统设计 ……… 20
一、什么是单片机的最小系统 ………… 20
二、AT89S52 单片机最小系统
设计 ……………………………… 20

任务五　单片机编程与仿真软件 …… 22
一、Keil 软件的使用方法 ……………… 22
二、Proteus 软件使用 ………………… 27
【课后练习】 …………………………… 33

**第二章　单片机系统设计与
应用** …………………… 34

任务一　单片机编程语言 …………… 34
一、单片机的汇编语言指令系统 ……… 34
二、算术运算类指令 …………………… 38
三、逻辑运算及移位指令 ……………… 42
四、控制转移类指令 …………………… 45
五、位操作类指令 ……………………… 49
六、80C51 汇编语言的伪指令 ………… 52
七、单片机的 C 语言 …………………… 54

任务二　一位 LED 显示电路的

设计与调试 ………………… 73
一、七段码 LED 显示原理 …………… 73
二、LED 显示电路的设计 …………… 74
三、编写 LED 程序 …………………… 75
四、程序调试与仿真 ………………… 76

任务三　多位 LED 显示 …………… 79
一、多位 LED 显示的方法 …………… 79
二、动态显示的软件设计 …………… 80

任务四　交通灯的设计 …………… 82
一、红绿灯控制电路设计与制作 …… 82
二、红绿灯控制电路的程序设计 …… 83
【课后练习】 ………………………… 89

第三章　单片机中断系统 ………… 93

任务一　80C51 的中断系统 ……… 93
一、中断系统 ………………………… 93
二、中断请求标志 …………………… 95
三、中断控制 ………………………… 96
四、80C51 单片机中断处理过程 …… 98
五、中断系统的初始化及中断
应用 ……………………………… 99

**任务二　外部中断电路的设计
与应用** ………………… 103
一、外部中断电路的设计 …………… 103
二、外部中断 INT0 应用程序
设计 …………………………… 104
【课后练习】 ………………………… 108

第四章　定时器电路的设计 ……… 110

任务一　80C51 的定时/计数器 … 110
一、定时/计数器的结构和工作
原理 …………………………… 110
二、定时器/计数器的控制 ………… 112
三、定时/计数器的工作方式 ……… 114
四、定时/计数器的编程举例 ……… 123

**任务二　80C51 定时器电路
的应用** ………………… 129

一、任务目的 ……………………… 129
二、任务要求 ……………………… 129
三、秒时钟电路的设计与制作 …… 129
四、秒时钟电路的软件设计 ……… 130
五、秒时钟电路的调试 …………… 132
【课后练习】 ………………………… 134

第五章　单片机的 AD 和 DA 接口 …………………… 135

任务一　D/A 转换器的原理及主要
　　　　技术指标 ………………… 135
一、D/A 转换器的基本原理及
　　分类 ………………………… 135
二、D/A 转换器的主要性能
　　指标 ………………………… 136
三、DAC0832 芯片及其与单片机
　　的接口 ……………………… 137

任务二　A/D 转换器工作原理及
　　　　技术指标 ………………… 139
一、逐次逼近式 ADC 的转换
　　原理 ………………………… 139
二、双积分式 ADC 的转换
　　原理 ………………………… 140
三、A/D 转换器的主要技术
　　指标 ………………………… 140
四、ADC0809 的内部结构 ……… 141
五、ADC 0809 的引脚功能 ……… 141
六、单片机与 ADC0809 的接口
　　电路 ………………………… 142
七、编程 ………………………… 143

任务三　步进电机控制实例 ……… 144
一、步进电机控制电路的设计 … 144
二、编写程序 …………………… 145
三、电路仿真 …………………… 146
【课后练习】 ………………………… 147

第六章　单片机的串行通信 ……… 148

任务一　计算机串行通信基础 …… 148
一、串行通信的基本概念 ……… 149
二、串行通信的传输方向 ……… 151
三、信号的调制与解调 ………… 151
四、串行通信的错误校验 ……… 151
五、传输速率与传输距离 ……… 152

任务二　串行通信接口标准 ……… 152
一、RS-232 接口 ………………… 152
二、RS-422A 接口 ……………… 155

任务三　80C51 单片机的串行接口 …… 156
一、80C51 串行接口的结构 …… 156
二、80C51 串行接口的控制
　　寄存器 ……………………… 157
三、80C51 串行接口的工作
　　方式 ………………………… 158
四、串行口显示练习 …………… 162

任务四　串行口应用示例 ………… 164
一、双机通信电路设计 ………… 164
二、程序编写 …………………… 165
三、仿真调试 …………………… 166
【课后练习】 ………………………… 167

第七章　单片机的系统扩展 ……… 168

任务一　存储器的扩展 …………… 168
一、程序存储器的扩展 ………… 168
二、数据存储器的扩展 ………… 172
三、外部数据存储器的应用 …… 174

任务二　并行接口的扩展 ………… 175
一、输入/输出接口的功能 …… 175
二、单片机与 I/O 设备的数据
　　传送方式 …………………… 176
三、并行接口的扩展 …………… 177
四、并口扩展的应用 …………… 182

任务三　显示器与键盘接口 ……… 182
一、显示器及其接口 …………… 183
二、键盘及其接口 ……………… 186
三、8279 芯片 …………………… 190
四、8279 的键盘及显示接口 …… 195
五、串行口键盘及显示接口
　　电路 ………………………… 197

任务四　键盘显示器应用示例 …… 197
一、矩阵式键盘及其接口
　　电路的设计 ………………… 197
二、编写程序 …………………… 198
三、电路仿真 …………………… 199
【课后练习】 ………………………… 201

参考文献 …………………………… 202

第一章　单片机基础

任务一　认识单片机

一、什么是单片机？

所谓单片机，就是把中央处理器 CPU（Central Processing Unit）、存储器（Memory）、定时器、I/O（Input/Output）接口电路等一些计算机的主要功能部件集成在一块集成电路芯片上的微型计算机。概括地讲：一块芯片就成了一台计算机。图 1-1 为单片机芯片外形。

图 1-1　单片机芯片外形

学习单片机是否很困难呢？如果你已经具有电子电路，尤其是数字电路基本知识，学习不会有太大困难，如果你对 PC 机有一定基础，学习单片机就更容易。不过，单片机和 PC 机一样，是实践性很强的一门技术，有人说"计算机是玩出来的"，单片机也一样，只有多"玩"，也就是多练习、多实际操作，才能真正掌握它。

二、单片机的应用

目前单片机渗透到我们生活的各个领域，如图 1-2 所示，几乎很难找到哪个领域没有单片机的踪迹。大的方面：导弹的导航装置，飞机上各种仪表的控制，计算机的网络通信与数据传输，工业自动化过程的实时控制和数据处理；日常生活中：广泛使用的各种智能 IC 卡，民用豪华轿车的安全保障系统，录像机、摄像机、全自动洗衣机的控制，以及程控玩具、电子宠物等，这些都离不开单片机。更不用说自动控制领域的机器人、智能仪表、医疗器械了。

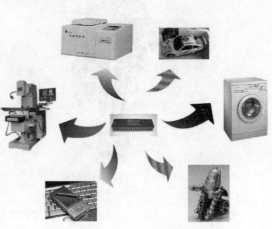

图 1-2　单片机的应用

单片机具有体积小、功耗低、控制功能强、扩展灵活、微型化和使用方便等优点，广泛应用于仪器仪表中，结合不同类型的传感器，可实现诸如电压、功率、频率、湿度、温度、流量、速度、厚度、角度、长度、硬度、元素、压力等物理量的测量。采用单片机控制使得仪器仪表数字化、智能化、微型化，且功能比起采用电子或数字电路更加强大。用单片机可以构成形式多样的控制系统、数据采集系统。例如工厂流水线的智能化管理，电梯智能化控制、各种报警系统，与计算机联网构成二级控制系统等。

现在的大部分家用电器基本上都采用了单片机控制，从洗衣机、电冰箱、空调机、彩电、音响视频器材，再到电子秤量设备，五花八门，无所不在。而且随着智能家居的发展，单片机也被广泛应用于家居环境监控与控制，比如温度、湿度、光照强度、电流大小等，如图 1-3 所示为以单片机为内核开发的智能控制器对智能家居系统控制的示意图。

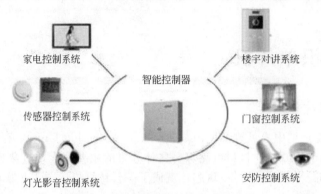

图 1-3　单片机在智能家居中的应用

单片机是如何对系统进行控制的呢？下面以一个简单的无人照看自动浇花系统为例，说明单片机是如何实现控制的。如图 1-4 所示，在花盆中放置一个湿度传感器用于监控花盆土壤的湿度，并且把土壤湿度信号传送到单片机控制电路的输入端，蓄水池与花盆之间的管道上加装一个电磁阀，电磁阀和单片机控制电路的输出端相连，由单片机控制电磁阀的开闭。根据植物的湿度要求在单片机中编写好程序，将采集到的湿度信号进行 A/D 转换为数字量，通过程序判定控制电磁阀是否打开。

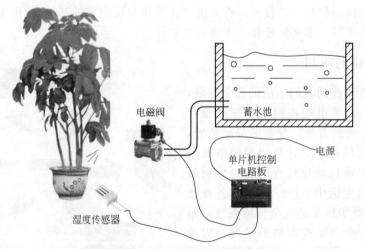

图 1-4　单片机在自动浇花系统中应用

三、单片机与嵌入式系统

在电子世界领域，从 20 世纪中的无线电时代进入到 21 世纪以计算机技术为中心的智能化现代电子系统时代。现代电子系统的基本核心是嵌入式计算机系统（简称嵌入式系统），而单片机是最典型、最广泛、最普及的嵌入式系统。

嵌入式系统源于计算机的嵌入式应用，早期嵌入式系统为通用计算机经改装后嵌入到对象体系中的各种电子系统，如舰船的自动驾驶仪、轮船监测系统等。嵌入式系统首先是一个计算机系统，其次它被嵌入到对象体系中，在对象体系中实现对象要求的数据采集、处理、状态显示、输出控制等功能，由于嵌入在对象体系中，嵌入式系统的计算机没有计算机的独立形式及功能。

单片机完全是按照嵌入式系统要求设计的，因此单片机是最典型的嵌入式系统。早期的单片机只是按嵌入式应用技术要求设计的计算机单芯片集成，故名单片机。随后，单片机为满足嵌入式应用要求不断增强其控制功能与外围接口功能，尤其是突出控制功能，因此国际上已将单片机正名为微控制器（MCU，Microcontroller Unit）。

四、单片机的发展

20 世纪 70 年代，美国的 Fairchild（仙童）公司首先推出了第一款单片机 F-8，随后 Intel 公司推出了影响面大、应用更广的 MCS48 单片机系列。MCS48 单片机系列的推出标志着在工业控制领域，进入到智能化嵌入式应用的芯片形态计算机的探索阶段。参与这一探索阶段的还有 Motorola、Zilog 和 Ti（Micro chip）等大公司，它们都取得了满意的探索效果，确立了在 SCMC 的嵌入式应用中的地位。这就是 Single Chip Microcomputer 的诞生年代，单片机一词即由此而来。

在 MCS-48 探索成功的基础上很快推出了完善的、典型的单片机系列 MCS-51。MCS-51 系列单片机的推出，标志 Single Chip Microcomputer 体系结构的完善。

Intel 公司推出的 MCS96 单片机，将一些用于测控系统的模数转换器（ADC）、程序运行监视器（WDT）、脉宽调制器（PWM）、高速 I/O 口纳入片中，体现了单片机的微控制器特征。MCS-51 单片机系列向各大电气商的广泛扩散，许多电气商竞相使用 80C51 为核，将许多测控系统中使用的电路技术、接口技术、可靠性技术应用到单片机中；随着单片机内外围功能电路的增强，强化了智能控制器特征。微控制器（Microcontrollers）成为单片机较为准确表达的名词。

单片机发展到这一阶段，表明单片机已成为工业控制领域中普遍采用的智能化控制工具，小到玩具、家电行业，大到车载、舰船电子系统，遍及计量测试、工业过程控制、机械电子、金融电子、商用电子、办公自动化、工业机器人、军事和航空航天等领域。为满足不同的要求，出现了高速、大寻址范围、强运算能力和多机通信能力的 8 位、16 位、32 位通用型单片机，小型廉价型、外围系统集成的专用型单片机，以及形形色色各具特色的现代单片机。

现在单片机普遍支持 C 语言编程，为学习和应用单片机提供了方便；高级语言减少了选型障碍，便于程序的优化、升级和交流。

五、80C51 单片机的家族简介

虽然目前单片机的品种很多，但其中最具代表性的当属 Intel 公司的 MCS-51 单片机系列。MCS-51 以其典型的结构、完善的总线、SFR 的集中管理模式、位操作系统和面向控制功能的丰富的指令系统，为单片机的发展奠定了良好的基础。MCS-51 系列的典型芯片是 80C51（CHMOS 型的 8051）。

不同厂商不同型号的单片机，其产品各有不同的特点：其存储器的容量、管脚数、内部

结构、工作电压、运算速度、指令等都不尽相同。图1-5所示为一些厂家的代表单片机的外形和型号。

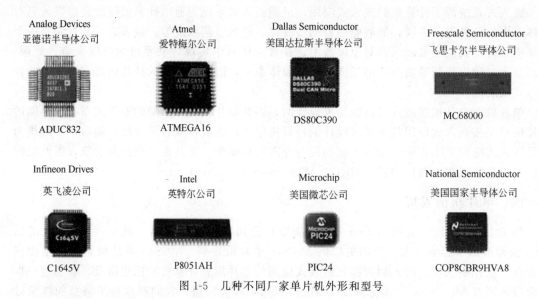

图 1-5　几种不同厂家单片机外形和型号

任务二　计算机中数据的表示方法

一、计算机中的数制

所谓数制是指数的制式，是人们利用符号表示数的一种科学方法。数制有很多种，微型计算机中常用的数制有：十进制、二进制、八进制、十六进制。表1-1为部分十进制、二进制和十六进制数对照表。

1. 十进制（Decimal）

数字符号：0～9 10个不同的数码。

基本特征：逢十进一，在十进制数计数过程中，当某位计满10时就要向它邻近高位进一。

表示方法：在数字后面加上字母D，表示为十进制。D是十进制（Decimal）的英文缩写，表示采取的数制是十进制。一般字母D可以省略不写，默认为十进制。十进制也可以用括号加下标10表示，例如：$(234.5)_{10}$。

任何一个十进制数都可以展开成幂级数形式。十进制数的一般表达式为：

$$ND = d_{n-1} \times 10^{n-1} + d_{n-2} \times 10^{n-2} + \cdots + d_0 \times 10^0 + d_{-1} \times 10^{-1} + d_{-2} \times 10^{-2} + \cdots$$

$$= \sum_{i=-m}^{n-1} d_i \times 10^i$$

例：$425.63D = 4 \times 10^2 + 2 \times 10^1 + 5 \times 10^0 + 6 \times 10^{-1} + 3 \times 10^{-2}$

2. 二进制（Binary）

数字符号：0、1两个不同的数码。

基本特征：逢二进一，在二进制数计数过程中，当某位计满2时就要向它邻近高位进一。

表示方法：在数字后面加上字母B，表示为二进制。B是二进制（Binary）的英文缩写，表示采取的数制是二进制。二进制也可以用括号加下标 2 表示，例如：$(1010.1)_2$。

二进制数的一般表达式为：

$$NB = d_{n-1} \times 2^{n-1} + d_{n-2} \times 2^{n-2} + \cdots + d_0 \times 2^0 + d_{-1} \times 2^{-1} + d_{-2} \times 2^{-2} + \cdots$$

$$= \sum_{i=-m}^{n-1} d_i \times 2^i$$

例：$1101.01B = 1 \times 2^3 + 1 \times 2^2 + 0 \times 2^1 + 1 \times 2^0 + 0 \times 2^{-1} + 1 \times 2^{-2} = 13.25D$

3. 十六进制（Hexadecimal）

数字符号：0～9、A～F 16 个不同的数码。

基本特征：逢十六进一，在十六进制数计数过程中，当某位计满 16 时就要向它邻近高位进一。

表示方法：在数字后面加上字母 H，表示为十六进制。H 是十六进制（Hexadecimal）的英文缩写，表示采取的数制是十六进制。十六进制也可以用括号加下标 16 表示，例如：$(1AB.6F)_{16}$。

十六进制数的一般表达式为：

$$NH = d_{n-1} \times 16^{n-1} + d_{n-2} \times 16^{n-2} + \cdots + d_0 \times 16^0 + d_{-1} \times 16^{-1} + d_{-2} \times 16^{-2} + \cdots$$

$$= \sum_{i=-m}^{n-1} d_i \times 16^i$$

例：$25.8H = 2 \times 16^1 + 5 \times 16^0 + 8 \times 16^{-1} = 32 + 5 + 0.5 = 37.5D$

表 1-1　部分十进制、二进制和十六进制数对照表

整　数			小　数		
十进制	二进制	十六进制	十进制	二进制	十六进制
0	0000	0	0	0	0
1	0001	1	0.5	0.1	0.8
2	0010	2	0.25	0.01	0.4
3	0011	3	0.125	0.001	0.2
4	0100	4	0.0625	0.0001	0.1
5	0101	5	0.0312	0.00001	0.08
6	0110	6	0.015525	0.000001	0.04
7	0111	7			
8	1000	8			
9	1001	9			
10	1010	A			
11	1011	B			
12	1100	C			
13	1101	D			
14	1110	E			
15	1111	F			
16	10000	10			

4. 数值的转换

（1）二进制与十进制的转换

将二进制转换为十进制的方法就是按照二进制的表达式按权展开求和。

例如：$(10001001)_2 = 137$

$(10001001)_2 = 1 \times 2^7 + 0 \times 2^6 + 0 \times 2^5 + 0 \times 2^4 + 1 \times 2^3 + 0 \times 2^2 + 0 \times 2^1 + 1 \times 2^0 = 137$

将十进制转换成二进制时，要将整数部分和小数部分分别转换，整数部分的转换方法是除 2 取余法，小数部分的转换方法是乘 2 取整法。

例如：$(56.125)_{10} = (111000.001)_2$

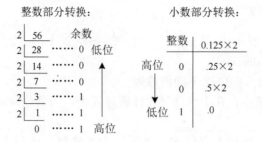

（2）二进制与十六进制的转换

将二进制转换为十六进制的方法是：整数部分从小数点向左，每 4 位为一组（不够 4 位在前面补 0），转换为对应的 1 位十六进制数；小数部分从小数点向右，每 4 位为一组（不够 4 位在后面补 0），转换为对应的 1 位十六进制数。

例如：$(1110101001.01)_2 = (0011\ \ 1010\ \ 1001.0100)_2 = (3A9.4)_{16}$

将十六进制转换为二进制的方法是：将十六进制数的每 1 位转换为对应的 4 位二进制数，并且按顺序写出即可。

例如：$(9F6.7)_{16} = (1001\ 1111\ 0110.0111)_2$

二、编码

1. 计算机中正、负数的表示法

在计算机中符号"＋"、"－"要用一位二进制数表示。8 位微型计算机中约定，最高位 D7 位表示符号，其他 7 位表示数值。

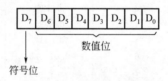

一个带符号数在计算机中可以分别用原码、反码或补码三种方法表示，习惯上把计算机中存放的数称作机器数。

原码、反码、补码都是机器数。其中，负数采用反码或补码，表示的目的是将负数转化为正数，使减法操作转变为单纯的加法操作。在计算机系统中均采用补码表示负数。

（1）原码

对于 8 位二进制数最高位为符号位（"0"表示正数，"1"表示负数），其余位为数值位的机器码称为原码。

例如正数的原码为：

$x = +0 = +0000000B$ $[x]_原 = 00000000B$

$x = +25 = +0011001B$ $[x]_原 = 00011001B$

$x = +127 = +1111111B$ $[x]_原 = 01111111B$

负数的原码为：

$x=-0=-0000000B$ $[x]_原=10000000B$

$x=-25=-0011001B$ $[x]_原=10011001B$

$x=-127=-1111111B$ $[x]_原=11111111B$

8 位二进制原码表示的范围为：$-127 \sim +127$

（2）反码

正数的反码与它的原码相同；负数的反码为其原码除符号位不变，其余位按位取反。

例如：正数的反码为：

$x=+0=+0000000B$ $[x]_反=00000000B=[x]_原$

$x=+25=+0011001B$ $[x]_反=00011001B=[x]_原$

$x=+127=+1111111B$ $[x]_反=01111111B=[x]_原$

负数的反码为：

$x=-0=-0000000B$ $[x]_原=10000000B$ $[x]_反=11111111B$

$x=-25=-0011001B$ $[x]_原=10011001B$ $[x]_反=11100110B$

$x=-127=-1111111B$ $[x]_原=11111111B$ $[x]_反=10000000B$

8 位二进制反码表示的范围为：$-127 \sim +127$

（3）补码

正数的补码和它的原码、反码都相同；负数的补码为其反码加 1。

例如正数的补码为：

$x=+0=+0000000B$ $[x]_补=00000000B=[x]_原=[x]_反$

$x=+25=+0011001B$ $[x]_补=00011001B=[x]_原=[x]_反$

$x=+127=+1111111B$ $[x]_补=01111111B=[x]_原=[x]_反$

负数的补码为：

$x=-0=-0000000B$ $[x]_反=11111111B$ $[x]_补=00000000B$

$x=-25=-0011001B$ $[x]_反=11100110B$ $[x]_补=11100111B$

$x=-127=-1111111B$ $[x]_反=10000000B$ $[x]_补=10000001B$

8 位二进制补码表示的范围为：$-128 \sim +127$

2. 字符的编码

（1）ASCⅡ码

ASCⅡ码是美国国家信息交换标准代码（American Standard Code for Information Interchange）。ASCII 码是一种 8 位代码，一般最高位可用于奇偶校验，仅用 7 位二进制数表示数字、字母和符号，共 128 个。ASCⅡ码包括 26 个大写和 26 个小写的英文字母、0～9 10 个数字、专用字符（如":"、"!"、"%"）和控制字符（如换行、换页、回车）。ASCⅡ字符编码表如表 1-2 所示。

（2）BCD 码

BCD 码（Binary Coded Decimal）就是用 4 位二进制表示的十进制数，简称二—十进制数。较常用的是 8421BCD 码，即各个位的权从高到低依次为 8、4、2、1。4 位二进制数可表示 16 种状态，十进制数只有 0～9 10 个字符，所以舍去了 1010～1111 这 6 种状态（如果出现则认为无效码），用余下的 10 种状态来表示 0～9。二—十进制对应表如表 1-3 所示。

表 1-2　ASCII 字符编码表

$b_6 b_5 b_4$		0	1	2	3	4	5	6	7
$b_3 b_2 b_1 b_0$		000	001	010	011	100	101	110	111
0	0000	NUL	DLE	SP	0	@	P	`	p
1	0001	SOH	DC_1	!	1	A	Q	a	q
2	0010	STX	DC_2	"	2	B	R	b	r
3	0011	ETX	DC_3	#	3	C	S	c	s
4	0100	EOT	DC_4	$	4	D	T	d	t
5	0101	ENQ	NAK	%	5	E	U	e	u
6	0110	ACQ	SYN	&	6	F	V	f	v
7	0111	BEL	ETB	,	7	G	W	g	w
8	1000	BS	CAN	(	8	H	X	h	x
9	1001	HT	EM	)	9	I	Y	i	y
A	1010	LF	SUB	*	:	J	Z	j	z
B	1011	VT	ESC	+	;	K	[	k	{
C	1100	FF	FS	,	<	L	\	l	]
D	1101	CR	GS	—	=	M	]	m	}
E	1110	SO	RS	.	>	N		n	~
F	1111	SI	US	/	?	O	_	o	DEL

表 1-3　二—十进制对应表

十进制数	二—十进制	十进制数	二—十进制
0	0000	8	1000
1	0001	9	1001
2	0010		1010（非法）
3	0011		1011（非法）
4	0100		1100（非法）
5	0101		1101（非法）
6	0110		1110（非法）
7	0111		1111（非法）

任务三　单片机的内部结构

　　MCS-51 系列单片机是把构成计算机的 CPU、存储器、寄存器组、I/O 接口制作在一块集成电路芯片中。另外，还集成有定时器/计数器、串行通信接口等部件，因此可方便地用于定时控制和远程数据传送。在 MCS-51 系列单片机中，主要有 80C31、80C51、87C51 及 80C32、80C52、87C52 等型号。表 1-4 列出了 51 系列、52 系列及 2051 系列单片机片内资源。

表 1-4　单片机片内资源

系列	典型芯片	片内 ROM 形式	片内 RAM	并行 I/O 口	定时/计数器	中断源	串行口
51 子系列	80C31	无	128B	4×8	2×16	5	1
	80C51	4kB 掩膜 ROM	128B	4×8	2×16	5	1
	87C51	4kB EPROM	128B	4×8	2×16	5	1
	89C51	4kB EEPROM	128B	4×8	2×16	5	1

系列	典型芯片	片内 ROM 形式	片内 RAM	并行 I/O 口	定时/计数器	中断源	串行口
52 子系列	80C32	无	256B	4×8	3×16	6	1
	80C52	8KB 掩膜 ROM	256B	4×8	3×16	6	1
	87C52	8KB EPROM	256B	4×8	3×16	6	1
	89C52	8KB EEPROM	256B	4×8	3×16	6	1
2051	89C2051	2KB EEPROM	128B	2×8	2×16	5	1

80C51 单片机的内部结构如图 1-6 所示，包含 1 个 8 位中央处理器 CPU、4kB 程序存储器 EPROM、128B 随机存取存储器 RAM、4 个 8 位并行 I/O 接口、1 个全双工串行通信接口、2 个 16 位定时器/计数器及 21 个特殊功能寄存器。通过外部存储器扩展，可以具有外部 64KB 程序存储器寻址能力和 64kB 数据存储器寻址能力。

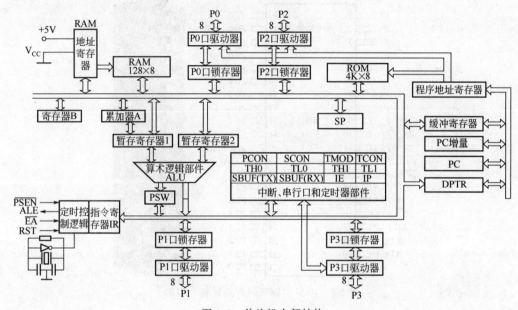

图 1-6　单片机内部结构

从图 1-6 中可以看出，中央处理器是进行算术/逻辑运算，控制程序执行的部件。它包括运算器和控制器，运算器主要包括算术/逻辑部件 ALU、累加器、暂存寄存器 TMP1 和 TMP2、程序状态标志寄存器 PSW、BCD 码修正电路等。为了提高数据处理和位操作能力，片内设有一个通用寄存器 B 和一些专用寄存器。

运算器的功能主要是对数据进行加、减、乘、除等算术运算及"与""或""非""异或"等逻辑运算。对于位操作数，可进行置位、清零、求反、移位、条件判断及按位"与"、按位"或"等操作。

控制器包括程序计数器 PC、指令寄存器、指令译码器、定时控制与条件转移逻辑电路等。由于可以外接 64k 字节的数据存储器和 I/O 接口电路，因此在控制器中设有一个 16 位的地址指示器 DPTR，用来对外部数据存储器和 I/O 接口寻址。为了便于数据保护，设有 8 位堆栈指示器 SP。

控制器中程序计数器 PC（Program Counter）的功能为：存放下一条要执行的指令在程序存储器中的地址。

它的基本工作方式如下。

（1）程序计数器自动加1。

（2）执行有条件或无条件转移指令时，程序计数器将被置入新的数值，从而使程序的流向发生变化。

（3）执行子程序调用或中断调用时完成下列操作：

① PC的当前值保护；

② 将子程序入口地址或中断向量的地址送入PC。

一、单片机的引脚和功能

80C51单片机有40只引脚。它有两种封装形式：一种是双列直插式（见图1-7），一种是方形封装式（见图1-8）。

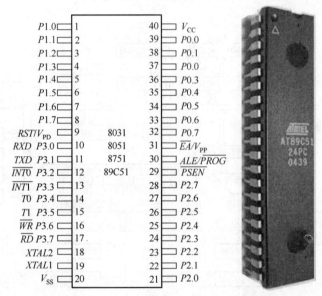

图1-7　40只引脚双列直插封装（DIP）

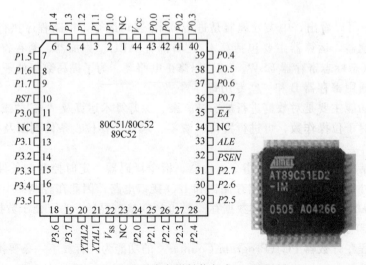

图1-8　44只引脚方形封装方式（4只无用）

80C51单片机 40 条引脚双列直插式封装引脚可分为三个部分，分别为电源及时钟引脚、控制引脚和 I/O 口引脚，如图 1-9 所示。

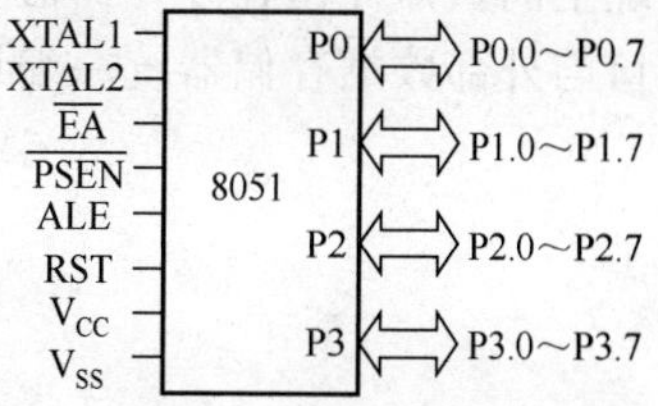

图 1-9　引脚逻辑图

1. 电源及时钟引脚

（1）电源引脚：①Vcc（40 脚），按＋5V 电源。

②Vss（20 脚），接地。

（2）时钟引脚：①XTAL1（19 脚），采用外接晶体振荡器时，此引脚应接地。

②XTAL2（18 脚），接外部晶体的另一端。

2. 控制引脚

（1）RST/VPD（9 脚）：复位与备用电源。

（2）ALE/$\overline{PROG}$（30 脚）：　第一功能 ALE：地址锁存允许。

第二功能$\overline{PROG}$：编程脉冲输入端。

（3）$\overline{PSEN}$（29 脚）：读外部程序存储器的选通信号，可以驱动 8 个 LS 型 TTL 负载。

（4）$\overline{EA}$/V_{PP}（31 脚）：$\overline{EA}$为内外程序存储器选择控制，$\overline{EA}=1$，访问片内程序存储器，$\overline{EA}=0$，则只访问外部程序存储器。

第二功能 V_{PP}，用于施加编程电压。

3. I/O 口引脚

（1）P0 口：双向 8 位三态 I/O 口，地址总线（低 8 位）及数据总线分时复用口，可驱动 8 个 LS 型 TTL 负载。

（2）P1 口：8 位准双向 I/O 口，可驱动 4 个 LS 型 TTL 负载。

（3）P2 口：8 位准双向 I/O 口，与地址总线（高 8 位）复用，可驱动 4 个 LS 型 TTL 负载。

（4）P3 口：8 位准双向 I/O 口，双功能复用口，可驱动 4 个 LS 型 TTL 负载。

当 3 个准双向 I/O 口做输入口使用时，要向该口先写"1"，另外准双向 I/O 口无高阻的"浮空"状态。表 1-5 为 P3 口第二功能说明。

表 1-5　P3 口第二功能

引脚	引脚第二功能	功能说明
P3.0	RXD	串行数据接收端
P3.1	TXD	串行数据发送端
P3.2	INT0	外部中断 0 请求
P3.3	INT1	外部中断 1 请求
P3.4	T0	计数器 0 外部输入
P3.5	T1	计数器 1 外部输入
P3.6	WR	外部数据存储器写
P3.7	RD	外部数据存储器读

二、存储器的配置

在 MCS-51 系列单片机中，程序存储器和数据存储器互相独立，物理结构也不相同。程序存储器为只读存储器，数据存储器为随机存取存储器。从物理地址空间看，共有 4 个存储地址空间，即片内程序存储器、片外程序存储器、片内数据存储器和片外数据存储器，I/O接口与外部数据存储器统一编址，其示意如图1-10所示。

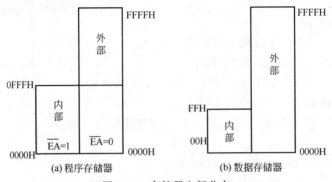

图1-10　存储器空间分布

80C51单片机采用哈佛（Har-vard）结构，可以分为总线型单片机和非总线型单片机两类。其中40引脚的单片机为总线型单片机，20引脚的单片机为非总线型单片机。总线型单片机分为三总线，分别为数据总线DB、地址总线AB和控制总线CB。其中P0口作为8位的数据总线，P2口作为16位地址总线的高8位、P0口作为16位地址总线的低8位，P3口的部分第二功能和RST、ALE、$\overline{EA}$和$\overline{PSEN}$作为控制总线。

1. 程序存储器

程序存储器用于存放应用程序和表格之类的固定常数。它分为片内和片外两部分，由EA引脚上所接电平确定选择外部程序存储器还是内部程序存储器，当$\overline{EA}$引脚上为低电平时选择外部程序存储器。对于80C31和80C32单片机，因为内部没有程序存储器，所以一般在此引脚接地。

程序存储器中的0000H地址是系统程序的启动地址。对于80C51单片机内部有4kB的程序存储器（ROM）其地址为0000H～0FFFH。外部最多可扩展64kB的程序存储器，地址范围为0000H～FFFFH。其中低4kB和内部的ROM地址重合，单片机在工作中需要使用内部还是外部地址决定于$\overline{EA}$引脚的状态。程序存储器中的0000H地址是系统程序的启动地址。其地址分配情况如图1-11所示。

80C51单片机的程序存储器可以分为三个部分，分别为复位后初始化引导程序区、中断服务程序区和程序存储区。

存储单元0000H～0002H作为单片机上电复位后引导程序的存储区，一般为一条跳转指令，用于引导CPU找到主程序的地址。

存储单元0003H～002AH作为单片机的中断服务程序的存储区。80C51单片机有5个中断源，每个中断源留出8个存储单元，用于存放相应的中断服务程序。当中断服务程序超过8个字节时，可以在中断服务程序地址内放入跳转指令，用于引导CPU找到其中断服务程序的实际地址。中断服务程序地址如表1-6所示。存储单元002BH以后的地址作为存放程序的地址空间。

表1-6　中断服务程序地址分配

中断源	中断服务程序地址范围	中断源的中断入口地址
外中断0（INT0）	0003H～000AH	0003H
定时/计数器0溢出中断（T0）	000BH～0012H	000BH

中断源	中断服务程序地址范围	中断源的中断入口地址
外中断1(INT1)	0013H～001AH	0013H
定时/计数器1溢出中断(T1)	001BH～0022H	001BH
串行口中断	0023H～002AH	0023H

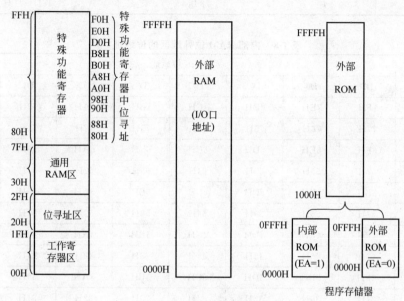

图1-11 单片机存储器地址分配

2. 数据存储器

(1) 内部RAM

内部RAM共128个字节单元，其分布如图1-12所示。内部RAM可以分为三个部分，分别为工作寄存器区、位寻址区和通用RAM区。

00H～1FH单元为4个寄存器工作区，每区8个寄存器，表示为R0～R7。设置4个寄存器工作区可以提高现场保护能力和CPU实时响应的速度。寄存器工作区的选择和改变是通过程序状态标志寄存器PSW的第RS1和RS0位进行的，如表1-7所示。

20H～2FH的16个单元为位寻址区，既可按字节寻址，作为一般的工作单元，又可以按位由CPU直接寻址，进行位操作。每个单元有8位，一共有128位可以进行位寻址的位。其位地址如表1-8所示。

(2) 特殊功能寄存器（SFR）

80C51单片机的特殊功能寄存器有21个，离散地分布在80H～FFH地址区域中，其名称、地址分配如表1-9所示。

特殊功能寄存器中字节地址以8和0结尾的寄存器是可以进行位寻址的，SFR中一共有83位可以进行位寻址，其位地址分配情况如表1-10所示。

图1-12 内部RAM地址分配

表 1-7　工作寄存器选择

RS1	RS0	工作寄存器组	R0～R7 地址
0	0	0 组	00H～07H
0	1	1 组	08H～0FH
1	0	2 组	10H～17H
1	1	3 组	18H～1FH

表 1-8　内部 RAM 位寻址区的位地址

字节地址	位地址							
	D7	D6	D5	D4	D3	D2	D1	D0
2FH	7FH	7EH	7DH	7CH	7BH	7AH	79H	78H
2EH	77H	76H	75H	74H	73H	72H	71H	70H
2DH	6FH	6EH	6DH	6CH	6BH	6AH	69H	68H
2CH	67H	66H	65H	64H	63H	62H	61H	60H
2BH	5FH	5EH	5DH	5CH	5BH	5AH	59H	58H
2AH	57H	56H	55H	54H	53H	52H	51H	50H
29H	4FH	4EH	4DH	4CH	4BH	4AH	49H	48H
28H	47H	46H	45H	44H	43H	42H	41H	40H
27H	3FH	3EH	3DH	3CH	3BH	3AH	39H	38H
26H	37H	36H	35H	34H	33H	32H	31H	30H
25H	2FH	2EH	2DH	2CH	2BH	2AH	29H	28H
24H	27H	26H	25H	24H	23H	22H	21H	20H
23H	1FH	1EH	1DH	1CH	1BH	1AH	19H	18H
22H	17H	16H	15H	14H	13H	12H	11H	10H
21H	0FH	0EH	0DH	0CH	0BH	0AH	09H	08H
20H	07H	06H	05H	04H	03H	02H	01H	00H

表 1-9　特殊功能寄存器表

特殊功能寄存器符号	名称	字节地址	位地址
B	B 寄存器	F0H	F7H～F0H
A(或 A_{CC})	累加器	E0H	E7H～E0H
PSW	程序状态字	D0H	D7H～D0H
IP	中断优先级控制	B8H	BFH～B8H
P3	P3 口	B0H	B7H～B0H
IE	中断允许控制	A8H	AFH～A8H
P2	P2 口	A0H	A7H～A0H
SBUF	串行数据缓冲器	99H	
SCON	串行控制	98H	9FH～98H
P1	P1 口	90H	97H～90H

特殊功能 寄存器符号	名称	字节地址	位地址
TH1	定时器/计数器 1(高字节)	8DH	
TH0	定时器/计数器 0(高字节)	8CH	
TL1	定时器/计数器 1(低字节)	8BH	
TL0	定时器/计数器 0(低字节)	8AH	
TMOD	定时器/计数器方式控制	89H	
TCON	定时器/计数器控制	88H	8FH~88H
PCON	电源控制	87H	
DPH	数据指针高字节	83H	
DPL	数据指针低字节	82H	
SP	堆栈指针	81H	
P0	P0 口	80H	87H~80H

表 1-10　SFR 中的位地址分布

特殊功能寄 存器符号	位地址								字节地址
	D7	D6	D5	D4	D3	D2	D1	D0	
B	F7H	F6H	F5H	F4H	F3H	F2H	F1H	F0H	F0H
ACC	E7H	E6H	E5H	E4H	E3H	E2H	E1H	E0H	E0H
PSW	D7H	D6H	D5H	D4H	D3H	D2H	D1H	D0H	D0H
IP	—	—	—	BCH	BBH	BAH	B9H	B8H	B8H
P3	B7H	B6H	B5H	B4H	B3H	B2H	B1H	B0H	B0H
IE	AFH	—	—	ACH	ABH	AAH	A9H	A8H	A8H
P2	A7H	A6H	A5H	A4H	A3H	A2H	A1H	A0H	A0H
SCON	9FH	9EH	9DH	9CH	9BH	9AH	99H	98H	98H
P1	97H	96H	95H	94H	93H	92H	91H	90H	90H
TCON	8FH	8EH	8DH	8CH	8BH	8AH	89H	88H	88H
P0	87H	86H	85H	84H	83H	82H	81H	80H	80H

① 程序状态字寄存器 PSW。特殊功能寄存器 PSW 寄存器的格式如下：

	D7H	D6H	D5H	D4H	D3H	D2H	D1H	D0H	位地址
PSW	Cy	AC	F0	RS1	RS0	0V	—	P	字节地址D0H

P：奇偶标志位。当累加器中 1 的个数为奇数时，P 置 1，否则清 0。

0V：溢出标志位。当执行算术运算时，最高位和次高位的进位（或借位）相同时，有溢出，0V 置 1；没有溢出，0V 清 0。

RS0、RS1：寄存器工作区选择位。

F0：用户标志位。

AC：辅助进位标志位。算术运算时，若低半字节向高半字节有进位（或借位）时，AC置 1，否则清 0。

Cy：最高进位标志位。算术运算时，若最高位有进位（或借位）时，Cy 置 1，否则清 0。

② 堆栈指针 SP。堆栈就是只允许在其一端进行数据插入和数据删除的线性表，也可以理解为它是按照后进先出原则组织的一段数据存储区域。堆栈的功能是保护断点和保护现场，是为子程序调用和中断操作而设立的。特殊功能寄存器 SP 为堆栈指针，SP 是一个 8 位寄存器，属特殊功能寄存器，字节地址为 81H。堆栈指针的作用是指示断点地址。堆栈工作区可设在内部 RAM 的任意区域中，但是系统复位后，堆栈指针 SP 的初值为 07H，这和工作寄存器区重叠，如果把它放到 20H～2FH 区域，又会和位寻址区重叠。所以在使用时为了不与所选寄存器工作区、位地址区重叠。用户在初始化程序中应对 SP 重新赋值，一般设在 30H～7FH 为宜。

③ 数据指针 DPTR。16 位特殊功能寄存器，高位字节寄存器用 DPH 表示，低位字节寄存器用 DPL 表示。

④ I/O 端口 P0～P3。P0～P3 分别为 I/O 端口 P0～P3 的锁存器。

⑤ 寄存器 B。为执行乘法和除法操作设置的。在不执行乘、除的情况下，可当作一个普通寄存器来使用。

⑥ 串行数据缓冲器 SBUF。存放欲发送或已接收的数据，一个字节地址，物理上是由两个独立的寄存器组成，一个是发送缓冲器，另一个是接收缓冲器。

⑦ 定时器/计数器。两个 16 位定时器/计数器 T1 和 T0，各由两个独立的 8 位寄存器组成：TH1、TL1、TH0、TL0，只能字节寻址，但不能把 T1 或 T0 当作一个 16 位寄存器来寻址访问。

（3）外部数据存储器

在 MCS-51 系列单片机的外部可扩展 64kB 的数据存储器，用来存放随机数据，因此一般由 RAM 构成。程序运行时，只能通过地址寄存器 DPTR 和通用寄存器 R0、R1 间接寻址。

（4）布尔处理器

布尔处理机实际上是一位字长的计算机，它有中央处理器、位累加器、位地址空间和位操作指令。通过编程可实现位处理或位控制功能。由于在 MCS-51 单片机内含有一个布尔处理器，因此具有很强的位处理功能。

在 MCS-51 单片机的内部 RAM 中，位寻址区 20H～2FH 共有 128 位，寻址范围为 00H～7FH，另外，SFR 中还有 83 个位地址，在单片机中一共有 211 位可以进行位寻址的位，其中在程序状态标志寄存器 PSW 中，进位标志位 Cy 作为位累加器使用。

三、复位操作和复位电路

1. 复位操作

复位是单片机的初始化操作，可以使单片机摆脱死锁状态。

当单片机的引脚 RST 加上大于 2 个机器周期（即 24 个时钟振荡周期）的高电平就可使单片机复位。复位时，PC 初始化为 0000H，使 MCS-51 单片机从 0000H 单元开始执行程序。

复位还会影响 SFR 的状态，复位后各个特殊功能寄存器的初始状态如表 1-11 所示。

表 1-11　单片机各寄存器的复位状态

寄存器	复位状态	寄存器	复位状态
PC	0000H	TMOD	00H
ACC	00H	TCON	00H
B	00H	TL0	00H
PSW	00H	TH0	00H
SP	07H	TL1	00H
DPTR	0000H	TH1	00H
P0～P3	FFH	SCON	00H
IP	××00000B	SBUF	不定
IE	0×00000B	PCON	0×××000B

2. 复位电路

单片机的复位电路可以分为上电自动复位和按键手动复位两种形式。按键手动复位，有电平方式和脉冲方式两种。复位电路如图 1-13 所示。

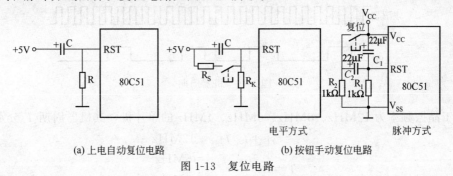

(a) 上电自动复位电路　　　电平方式　　　脉冲方式

(b) 按钮手动复位电路

图 1-13　复位电路

四、时钟电路

时钟电路用于产生单片机工作所必需的时钟控制信号。时钟频率直接影响单片机的速度，电路的质量直接影响系统的稳定性。常用的时钟电路有两种方式：内部时钟方式和外部时钟方式。

1. 内部时钟方式

内部有一个用于构成振荡器的高增益反相放大器，其输入端：XTAL1，输出端：XTAL2。C1 和 C2 典型值通常选择为 30pF 左右；晶体的振荡频率在 1.2～12MHz 之间；某些高速单片机芯片的时钟频率已达 40MHz。内部时钟电路的接法如图 1-14 所示。

2. 外部时钟方式

外部时钟方式常用于多片单片机同时工作时。其电路的形式如图 1-15 所示。

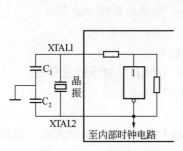

图 1-14　内部时钟电路

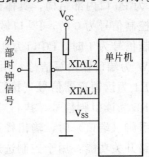

图 1-15　外部时钟电路

3. 机器周期

（1）振荡周期

振荡周期是单片机的基本时间单位。若时钟的晶体振荡频率为 f_{osc}，则振荡周期是晶振频率的倒数。

（2）时钟周期

时钟周期又称为状态周期或 S 周期，它是振荡周期的 2 倍。一个时钟周期分为两个节拍，分别为 P1 拍和 P2 拍，每拍所用时间为一个振荡周期。

（3）机器周期

机器周期是 CPU 完成一个基本操作所需要的时间，如图 1-16 所示。一个机器周期又分为 6 个状态：S1～S6。即每个机器周期等于 6 个时钟周期，等于 12 个振荡周期。因此，一个机器周期中的 12 个时钟周期表示为：S1P1、S1P2、S2P1、S2P2、…S6P2。

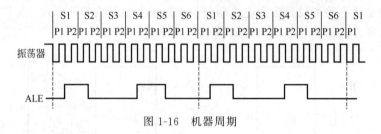

图 1-16　机器周期

对于晶振频率为 12MHz、8MHz、6MHz、4MHz 的单片机，其机器周期 T 分别为：

$$T=\begin{cases} 1\mu s & f_{osc}=12MHz \\ 2\mu s & f_{osc}=6MHz \\ 1.5\mu s & f_{osc}=8MHz \\ 3\mu s & f_{osc}=4MHz \end{cases}$$

（4）指令周期

单片机执行一条指令所用的时间就是指令周期，80C51 单片机有 111 条指令，执行的时间分别为 1、2 或 4 个机器周期，除了乘法指令和除法指令要用 4 个机器周期以外，其余的指令都是 1 个或 2 个机器周期。

五、并行 I/O 端口

80C51 单片机共有 4 个 8 位双向 I/O 口，共 32 口线。每位均有自己的锁存器（SFR），输出驱动器和输入缓冲器。

1. P0 口内部结构说明

图 1-17 为 P0 口内部结构，具体说明如下。

（1）当控制信号为 0 时，P0 口做双向 I/O 口，为漏极开路（三态）。

（2）控制信号为 1 时，P0 口为地址/数据复用总线（用于口扩展）。

（3）P0W 为端口输出写信号，用于锁存输出状态。

（4）P0R1 为读锁存器信号，执行"ANL P0，♯0FH"时该信号有效。

（5）P0R2 为读引脚信号，执行"MOV A，P0"时该信号有效。

（6）读引脚（端口）时，输出锁存器应为"1"。

（7）多路开关功能：用于控制选通 I/O 方式还是地址/数据输出方式；多路开关方式控制：由内部控制信号产生。

2. P1 口内部结构

P1 口内部结构如图 1-18 所示，输出部分有内部上拉电阻 R^* 约为 $20k\Omega$。其他部分与 P0 端口使用相类似（读引脚时先写入 1）。

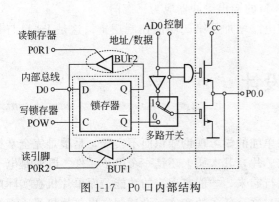

图 1-17 P0 口内部结构

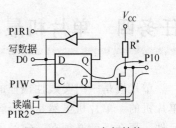

图 1-18 P1 口内部结构

在进行最小系统设计时可以利用 P1 口接 LED 发光管来判断单片机是否正常工作。

3. P2 口内部结构

图 1-19 为 P2 口内部结构，具体说明如下。

（1）P2 可以作为通用的 I/O，也可以作为高 8 位地址输出。

（2）当控制信号为 1 时，P2 口输出地址信息，此时单片机完成外部的取指操作或对外部数据存储器 16 位地址的读写操作。

（3）当 P2 口作为普通 I/O 口使用时，用法和 P1 口类似。

4. P3 口内部结构

图 1-20 为 P3 口内部结构，具体说明如下。

（1）做普通端口使用时，第二功能应为"1"。

（2）使用第二功能时，输出端口锁存器应为"1"。

（3）变异功能（第二功能）

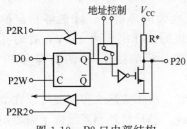

图 1-19 P2 口内部结构

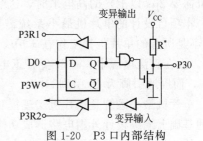

图 1-20 P3 口内部结构

P3.0	TXD	P3.4	T0
P3.1	RXD	P3.5	T1
P3.2	INT0	P3.6	WR
P3.3	INT1	P3.7	RD

5. P0～P3 端口功能使用中应注意的问题

（1）P0～P3 口都是并行 I/O 口，但 P0 口和 P2 口还可用来构建数据总线和地址总线，所以电路中有一个 MUX，进行转换。

（2）P1 口和 P3 口无构建系统的数据总线和地址总线的功能，无需转接开关 MUX。

（3）只有 P0 口是一个真正的双向口，P1～P3 口都是准双向口。原因是 P0 口作数据总线使用时，为保证数据正确传送，需解决芯片内外的隔离问题，即只有在数据传送时芯片内外才接通，否则应处于隔离状态。为此，P0 口的输出缓冲器应为三态门。

（4）P3 口具有第二功能。因此在 P3 口电路增加了第二功能控制逻辑。这是 P3 口与其他各口的不同之处。

任务四　单片机最小系统设计

单片机是一门实践性很强的课程，如果单纯的学习理论知识而不实践，是很难完全掌握单片机的。单片机虽然是一个智能化的集成芯片，其本质上还是一个电子元件。既然是电子元件，那么，就必须在一定的电路中才能运行起来，才能实现它的功能。而单片机在实际应用中要连接一些电路，才能够运行，因此通过这个任务的实施，设计制作出单片机最小系统的线路板，为单片机的使用和以后的功能扩展提供基础。

一、什么是单片机的最小系统

单片机里虽然集成了很多电路，但仍然不能独立运行，必须要外连一些电路，才能使单片机运行起来。所谓最小系统，即指在尽可能少的外部电路条件下，形成一个可以独立工作的系统。这种能使单片机工作的最简电路，就称为单片机最小系统。单片机的最小系统包括单片机、时钟电路、复位电路和电源等电路和元件。

通过连接一个 12MHz 的晶振和两个 30pF 的电容，构成了单片机的时钟电路。晶振是一种能够输出稳定的振荡周期的元件，通过它，单片机才能有了时间的概念。

单片机的复位电路，它由一个 $10\mu F$ 的电容、一个 $10k\Omega$ 的电阻和一个小按键开关组成。为什么要这样接线了，原因是这样的：在设计 51 单片机的时候，规定在 51 单片机的第 9 引脚为复位功能引脚。当在这个引脚有连续两个以上机器周期（对于晶振频率为 12MHz 的单片机需要 $2\mu s$ 以上）的高电平时，这个单片机就会复位。

本项目设计的单片机最小系统需要在 +5V 的直流电源的环境下，才能够稳定的工作（并不是所有的单片机都工作在 +5V，有的低电压单片机的工作电压为 3.3V，有的甚至更低）。而在直流电源中，一般会有正电源和地两根线。单片机的接 +5V 的引脚为 40 引脚 V_{CC}，而接地引脚为 20 引脚 GND。

单片机最小系统是单片机实现控制功能最基本的系统，根据实际工程需要可以在最小系统的基础上继续设计外围电路形成功能更全面的控制系统，单片机控制系统除了需要用到单片机的芯片以外还需要用到其他的电子器件，常用的器件外形如图 1-21 所示。

二、AT89S52 单片机最小系统设计

1. AT89S52 的特性与功能

AT89S52 系统片内含 8k Bytes ISP 的可反复擦写 1000 次的 FLASH 只读程序存储器，兼容标准 MCS-51 指令系统及 80C51 引脚结构，芯片内集成了通用 8 位中央处理器和 ISP FLASH 存储单元，功能强大的微型计算机的 AT89S52 可为许多嵌入式控制应用系统提供高性价比的解决方案。

AT89S52 具有如下特点：40 个引脚，8K Bytes Flash 片内程序存储器，256 Bytes 的随

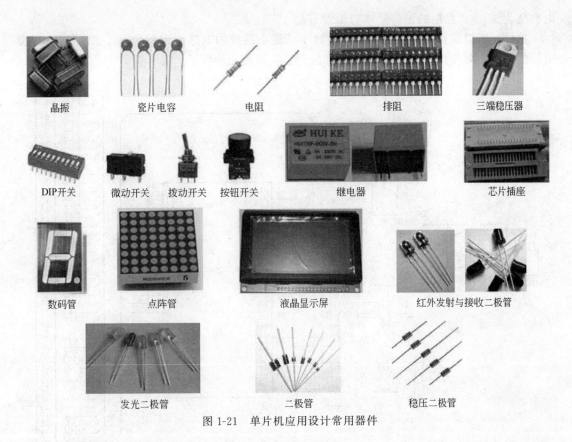

| 晶振 | 瓷片电容 | 电阻 | 排阻 | 三端稳压器 |

| DIP开关 | 微动开关 | 拨动开关 | 按钮开关 | 继电器 | 芯片插座 |

| 数码管 | 点阵管 | 液晶显示屏 | 红外发射与接收二极管 |

| 发光二极管 | 二极管 | 稳压二极管 |

图 1-21　单片机应用设计常用器件

机存取数据存储器（RAM），32 个外部双向输入/输出（I/O）口，5 个中断优先级 2 层中断嵌套中断，2 个 16 位可编程定时计数器，2 个双向串行通信口，看门狗（WDT）电路，片内始终振荡器。此外，AT89S52 设计和配置了振荡频率可为 0 Hz 并可通过软件设置省电模式。空闲模式下，CPU 暂停工作，而 RAM 定时计数器、串行口、外中断系统可继续工作，掉电模式冻结振荡器而保存 RAM 的数据，停止芯片其他功能直至外中断激活或硬件复位。

2. 电路功能简介

本电路是为单片机课程专门设计的，小巧轻便，造价较低，便于学生的实际操作。本只要与一台 PC 电脑连接，即可完成单片机的仿真、编程、程序写入等功能。为学生理解单片机程序与硬件电路之间的关系创造了一个理想的工具。此系统包含了最简单的电源及保护电路、振荡电路、复位电路、发光二极管指示电路、ISP 在线编程电路及一个 40 针插座。其中 40 针插座将单片机的信号引出，可以扩展各种单片机应用电路。如图 1-22 所示。

3. 复位电路

单片机的复位电路（见图 1-22）分为上电复位和上电与按键均有效的复位，本系统采用上电与按键均有效的复位方式，电阻电容参数为电容 C1 为 $10\mu\mathrm{F}/10\mathrm{V}$，R2 为 $10\mathrm{k}\Omega$，按键 S1 型号为 SW-PB。单片机的复位操作可以是单片机进入初始化状态。

4. 时钟电路

51 系列单片机的时钟信号通常有两种方式产生：一是内部时钟方式，二是外部时钟方式。本系统采用的是内部时钟方式，在单片机内部有一振荡电路，只要在单片机的 XTAL1 和 XTAL2 引脚外接石英晶体（简称晶振），就构成了自激振荡器并在单片机内部产生时钟脉冲信号，电路见系统电路原理图，其中电容器 C2 和 C3 的作用是稳定频率和快速起振，电容值为 30pF，晶振的振荡频率为 12MHz。

这样就可以进行最小系统的电路设计了，最小系统的电路原理图如图 1-22 所示。根据电路的原理图制作出 PCB 板，就可以在线路板上焊接元器件了。

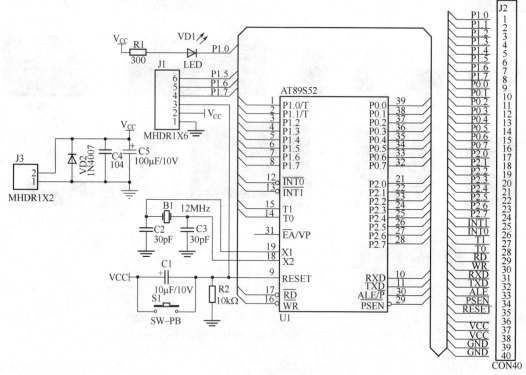

图 1-22　最小系统电路原理

焊接完成后的最小系统目标板如图 1-23 所示。

图 1-23　最小系统目标板

任务五　单片机编程与仿真软件

一、Keil 软件的使用方法

Keil 编程软件是专门用于单片机程序开发和调试的软件，可以用来编译 C 源码和汇编语言，可以汇编源程序，连接和重定位目标文件和库文件，创建 HEX 文件，调试目标程序。使用 Keil Software 工具时，项目开发流程和其他软件开发项目的流程极其相似。

创建一个项目，从器件库中选择目标器件，配置工具设置。用 C 语言或汇编语言创建源程序。用项目管理器生成应用。修改源程序中的错误。测试，连接应用。

1. 新建项目

（1）打开文件

在计算机中安装 Keil 软件后，双击电脑桌面图标  打开编程软件。

（2）新建项目

在打开的文件中选择 Project——New Project——确定，见图 1-24。

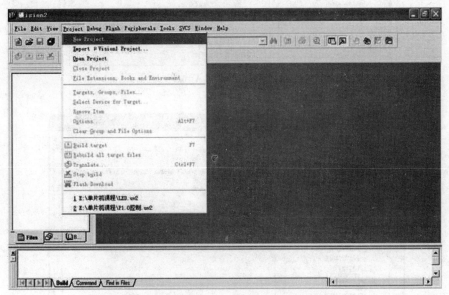

图 1-24　新建项目

点确定后弹出对话框，见图 1-25，输入文件名后保存。

图 1-25　保存

保存后弹出对话框，见图 1-26 选择 Atmel 单击鼠标左键。

选择器件为 AT89S52，并确定，见图 1-27。

单击确定后，选择否。见图 1-28。

打开设置目标文件属性下拉菜单，见图 1-29。

根据最小系统硬件电路的晶振频率，将 Xtal（MHz）项中晶振频率修改为：12。

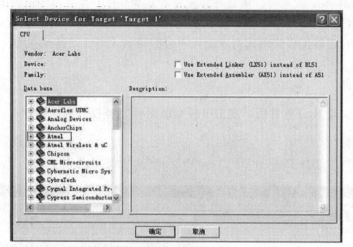

图 1-26　选择"Atmel"

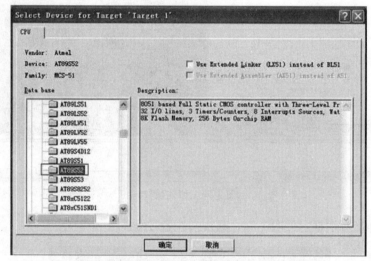

图 1-27　选择器件

图 1-28　确定

见图 1-30。

　　在输出选项页中选中 Create　HEX　File 复选项，见图 1-31。

　　单击快捷图标 新建一个文件，将文件名改为测试，扩展名为 .asm。将此文件添加到源文件组中，见图 1-32。

　　然后就可以在文件页面中将单片机的源程序输入。文件输入后单击保存和编译键可以对编写的源程序进行编译和调试。见图 1-33。

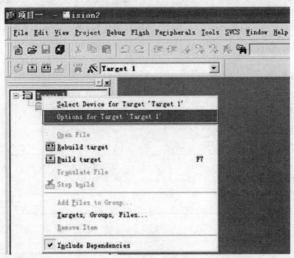

图 1-29 设置文件属性

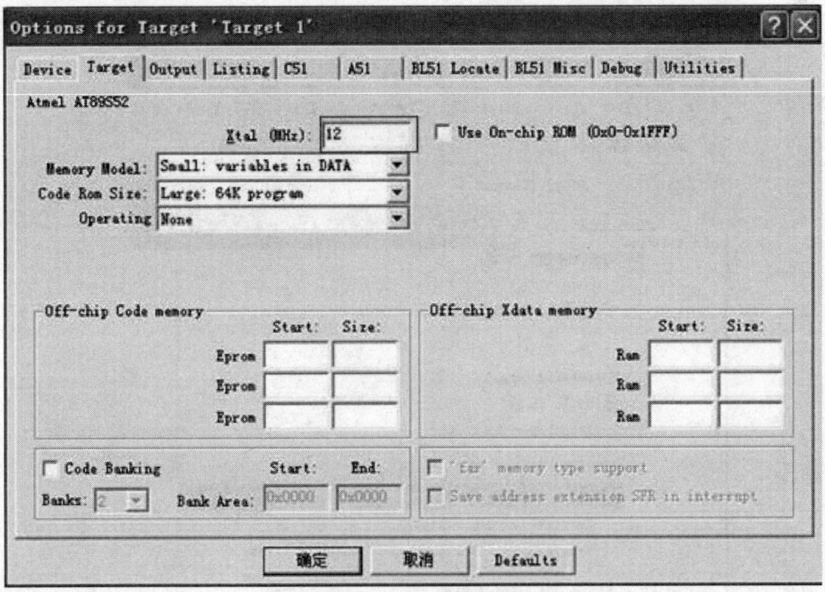

图 1-30 修改晶振频率

编译后就可以生成机器码文件，可以将其烧写入单片机进行测试了。或者用 Proteus 软件和 Keil 软件进行联调，仿真运行程序。见图 1-34。

2. 新建文件

使用 Keil 软件也可以对程序的存储和运行进行简单的调试，下面以汇编语言程序为例简单介绍一下 Keil 软件编程和调试程序的过程。将如下程序输入到 Keil 软件的编程界面。

```
ORG   0000H
MOV A,＃97H
MOV P0,A
MOV P1,＃46H
MOV P2,＃25H
```

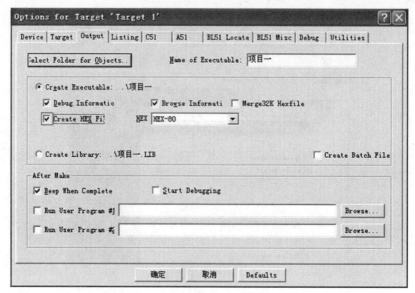

图 1-31　选择

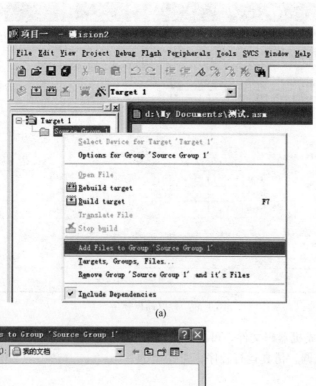

(a)

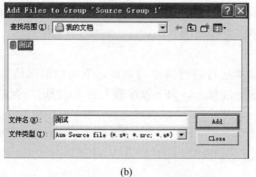

(b)

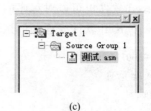

(c)

图 1-32　添加文件

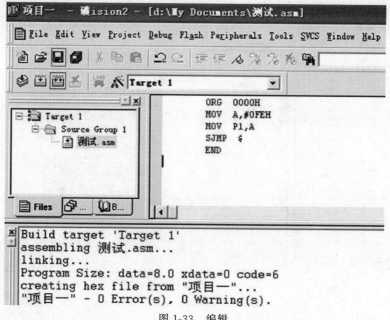

图 1-33　编辑

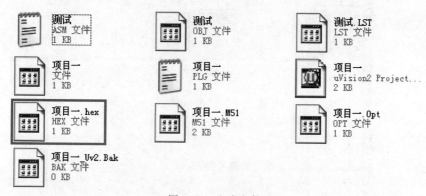

图 1-34　生成文件

```
SJMP  $
END
```

程序输入后存盘编译，进入调试环境既可以看到如图 1-35 所示画面。

二、Proteus 软件使用

Proteus 是英国 Labcenter 公司开发的电路分析与实物仿真软件。它运行于 Windows 操作系统上，可以仿真、分析（SPICE）各种模拟器件和集成电路，是目前最好的仿真单片机及外围器件的工具。采用 Proteus 仿真软件进行虚拟单片机实验，具有比较明显的优势，如涉及到的实验实习内容全面、硬件投入少、学生可自行实验、实验过程中损耗小、与工程实践最为接近。下面简单介绍一下 Proteus 的使用。

1. 运行 ISIS 7 Professional，出现图 1-36 所示窗口界面。

2. 选择元件，把元件添加到元件列表中：单击元件选择按钮 "P"（Pick），如图 1-37 所示。

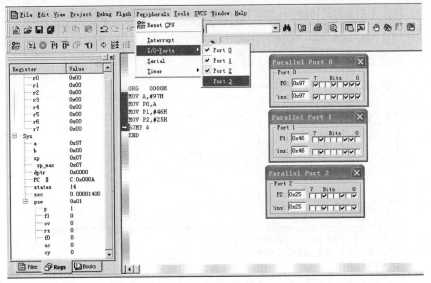

图 1-35　调试画面

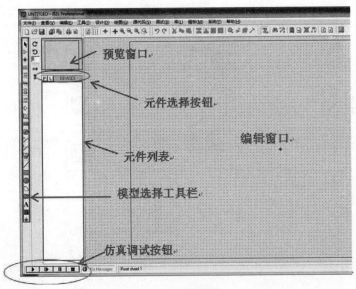

图 1-36　运行界面

弹出元件选择窗口，如图 1-38 所示。

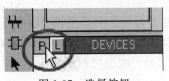

图 1-37　选择按钮

图 1-38　选择窗口

在左上角的对话框"关键字"中输入我们需要的元件名称，单片机 AT89C52，晶振（Crystal），电容（Capacitor），电阻（Resistors），发光二极管（Led-Blby）。输入的名称是元件的英文名称。不一定输入完整的名称，输入相应关键字能找到对应的元件就行，例如，在对话框中输入"89C52"，得到图 1-39 所示结果：

在出现的搜索结果中双击需要的元件，该元件便会添加到主窗口左侧的元件列表区，如图 1-40。

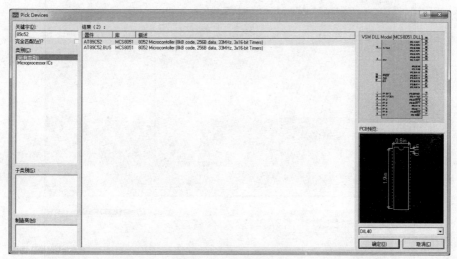

图 1-39　输入元件名称

也可以通过元件的相关参数来搜索，例如在需要 30pF 的电容，可以在"关键字"对话框中输入"30p"；文档最后附有一个"Proteus 常用元件库"，可以在里面找到相关元件的英文名称。

找到所需要的元件并把它们添加到元件区，见图 1-41。

3. 绘制电路图

（1）选择元件

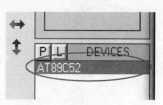

图 1-40　元件列表

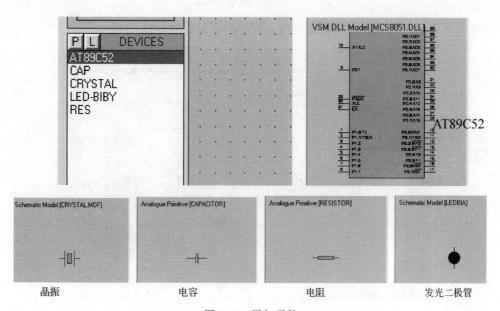

|晶振|电容|电阻|发光二极管|

图 1-41　添加元件

在元件列表区单击选中 AT89C52，把鼠标移到右侧编辑窗口中，鼠标变成铅笔形状，单击左键，框中出现一个 AT89C52 原理图的轮廓图，可以移动。鼠标移到合适的位置后，按下鼠标左键，放好原理图，如图 1-42 所示。

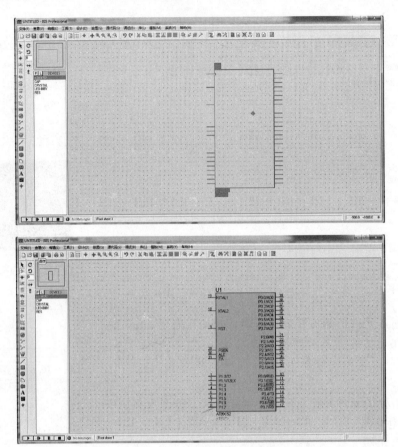

图 1-42　选择元件

依次将各个元件放置到绘图编辑窗口的合适位置，如图 1-43 所示。

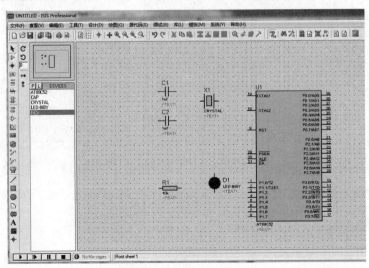

图 1-43　放置元件

（2）连线

将鼠标指针靠近元件的一端，当鼠标的铅笔形状变为绿色时，表示可以连线了，单击该点，再将鼠标移至另一元件的一端，单击，两点间的线路就画好了。靠近连线后，双击右键可删除连线，如图1-44所示。

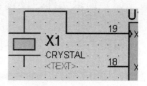

图1-44　连线

依次连接好所有线路，如图1-45所示，注意发光二极管的极性不要接反。

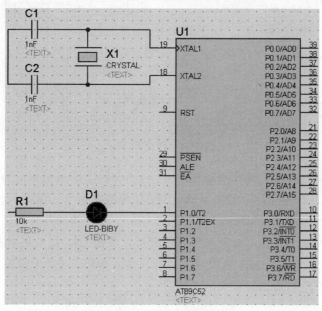

图1-45　连好线的图

（3）添加电源及接地

选择模型选择工具栏中的 ![icon] 图标，出现图1-46界面。

分别选择"POWER"（电源）"GROUND"（地极）添加至绘图区，并连接好线路，见图1-47。因为Proteus中单片机已默认提供源，所以不用给单片机加电源。

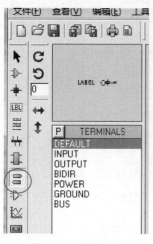

图1-46　添加电源

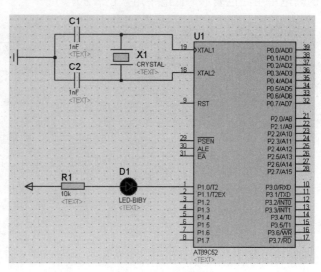

图1-47　添至绘图区

（4）编辑元件，设置各元件参数

双击元件，会弹出编辑元件的对话框。

双击电容，将其电容值改为 30pF，如图 1-48 所示。

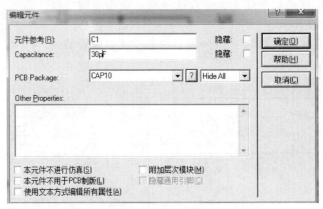

图 1-48　修改电容值

依次设置各元件的参数，其中晶振频率为 11.0592MHz，电阻阻值为 1kΩ，因为发光二极管点亮电流大小为 3～10mA，阴极给低电平，阳极接高电平，压降一般为 1.7V，所以电阻值应该是（5－1.7）/3.3＝1kΩ。

双击画面中的单片机图像，打开编辑元件窗口，单击 ，找到在 Keil 软件中编好的一位 LED 显示程序，并保存为 hex 格式的文件后，导入程序。（因为编程在下一个项目中接受，索引这项可以在学习完编程方法后再练习。）

（5）仿真调试

在界面的左下角有 ▶ ▮▶ ▮▮ ▮ 仿真控制按钮，这四个按钮分别代表运行、单步运行、暂停和停止。如果正确导入了程序文件后，单击 ▶ 运行按钮就可以运行程序了，并且可以在界面中看到图中的发光二极管按照程序的设定进行闪亮，可以仿真实践电路连接的效果，如图 1-49 所示。程序开始执行，发光二极管亮了。在运行时，电路中输出的高电平用红色表示，低电平用蓝色表示。

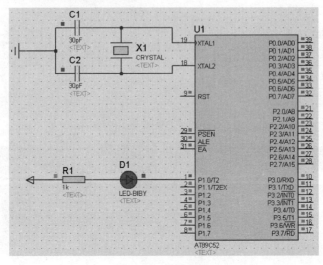

图 1-49　连线效果

【课后练习】

1. 什么是单片机，其主要由哪几部分组成？

2. 将下列各二进制数转换为十进制数。

(1) 101010B；(2) 100100B；(3) 10101010B；(4) 11111B。

3. 将下列各二进制数转换为十六进制数。

(1) 1011010B；(2) 1101000B；(3) 10101011B；(4) 101111B。

4. 试将下列各数转换成 BCD 码。

(1) (40)₁₀；(2) (127)₁₀；(3) 01100010B；(4) 76H。

5. 试写出下列字符的 ASCⅡ码。

5，@，+，$，H。

6. 试查看下列各数代表什么 ASCII 字符。

(1) 46H；(2) 25H；(3) 68H；(4) 30H。

7. 将下列各数转换为十六进制数。

(1) 127D；(2) 256D；(3) 01100011BCD；(4) 00111001BCD。

8. 已知原码如下，写出其补码和反码（其最高位为符号位）。

(1) [x]原＝11011001；(2) [x]原＝00111110；(3) [x]原＝01011010；

(4) [x]原＝11011100。

9. 80C51 的时钟周期、机器周期、指令周期是如何分配的？如果 80C51 单片机晶振频率为 12MHz，时钟周期、机器周期为多少？

10. 80C51 单片机的片内、片外程序存贮器如何选择？

11. 80C51 单片机的控制总线信号有哪些，各信号的作用如何？

12. 简述布尔处理存储器的空间分配，片内 RAM 中包含哪些可位寻址单元？

13. 80C51 单片机开机复位后，CPU 使用的是哪组工作寄存器？它们的地址是什么？CPU 如何确定和改变当前工作寄存器组？

14. 内部 RAM 低 128B 单元划分为哪三个主要部分？各部分主要功能是什么？

15. 80C51 单片机内部包含哪些主要逻辑功能部件？各有什么主要功能？

16. 什么是堆栈？堆栈有何作用？堆栈指针的作用？在程序设计时，又是为什么要对堆栈指针 SP 重新赋值？

17. 程序状态寄存器 PSW 的作用是什么？常用状态标志有哪几位？作用是什么？

18. 位地址 20H 与字节地址 20H 有何区别？位地址 20H 具体在内存中什么位置？

19. 复位的作用是什么？有几种复位方式？复位后单片机的状态如何？

单片机系统设计与应用

任务一 单片机编程语言

一、单片机的汇编语言指令系统

指令是指示计算机进行某一工作的命令。在计算机内部，用二进制代码表示的。例如代码11101000，表示寄存器R0中的数传送到累加器A中，00101001表示寄存器R1中的数与累加器A中的数相加，结果仍留在累加器A中。这种用二进制代码表示单片机指令的方法称为机器语言，对于设计程序还有汇编语言和高级语言。汇编语言是由一系列描述计算机功能及寻址方式的助记符构成，与机器码一一对应，便于理解、记忆和使用。但是汇编语言必须经过汇编后才能生成目标码，被单片机识别。用汇编语言编写的程序称为源程序。

用助记符表示时，上述2条指令分别表示为：

MOV   A,R0
ADD   A,R1

在这两条指令中，均有两个操作数（或地址）。其中一个存放最终结果，称为目的操作数或目的地址，另一个仅提供操作数，称为源操作数或源地址。

（一）汇编语言的指令格式与寻址方式

1. 指令格式

指令格式指的是指令的表示方法，其内容包括指令的长度和指令内部信息的安排。一条指令通常由操作码和操作数两部分组成。

指令格式如下：

［标号］:操作码［操作数］;［注释］

标号用于表示该指令的符号地址，一般由1～8个字母和数字组成，必须以字母开头，与操作码之间用冒号分开。

操作码规定了指令所能实现的功能，由助记符表示的字符串组成。

操作数是表示操作的对象。

注释部分对于汇编语言来说是不需要汇编的，是为了便于阅读理解而添加的。

在一条指令中根据要实现的功能不同，可以只有操作码，也可以只有操作码和操作数，也就是在指令格式中被方括号括起的部分，并不是在每条指令中都必须的，但是操作码是必不可少的。

2. 寻址方式

在计算机中，常把操作数的不同表示方式称为寻址方式。寻址方式就是在指令中给出的寻找操作数或操作数所在地址的方法。

指令系统中使用的常用符号如表 2-1 所示。

表 2-1　指令系统中的常用符号

指令符号	含　义
Rn(n＝0～7)	表示当前寄存器组的 8 个通用寄存器 R0～R7 中的一个
Ri(i＝0,1)	可用作间接寻址的寄存器,只能是 R0、R1 两个寄存器中的一个
Direct	内部的 8 位地址,既可以指片内 RAM 的低 128 个单元地址,也可以指特殊功能寄存器的地址或符号名称,因此 Direct 表示直接地址
♯data	指令中所含的 8 位立即数
♯data16	指令中所含的 16 位立即数
addr16	16 位目的地址,只限于在 LCALL 和 LJMP 指令中使用
addr11	11 位目的地址,只限于在 ACALL 和 AJMP 指令中使用
rel	相对转移指令中的偏移量,为 8 位带符号数,用补码形式表示。转移范围为相对于下一条指令第一字节地址的 $-128\sim+127$ 之间
DPTR	数据指针
bit	片内 RAM(包括部分特殊功能寄存器)中的直接寻址位
A	累加器
B	B 寄存器
C	进位标志位 Cy,是布尔处理器中的累加器,也称之为累加位
@	间址寄存器的前缀标志
/	位地址的前缀标志,表示对该位操作数取反
(×)	某寄存器或某单元的内容
((×))	由×寻址的单元中的内容
←	箭头左边的内容被箭头右边的内容所取代

80C51 单片机指令系统共有 7 种寻址方式：立即寻址、直接寻址、寄存器寻址、寄存器间接寻址、相对寻址、变址寻址和位寻址。

在上述两条指令中，操作数分别用 A、R0 和 R1 表示，称为寄存器寻址或寄存器直接地址。

例如：立即寻址指令中直接给出立即数，以下指令均为立即寻址。

```
MOV  A,♯data      ;表示立即数 data 送累加器 A。
MOV  Rn,  ♯data   ;表示立即数 data 送寄存器 Rn。
ADD  A,  ♯data    ;立即数 data 与累加器 A 中的数相加,结果在累加器 A 中。
ADDC A,  ♯data    ;立即数 data 与累加器 A 中的数相加,再加进位,结果在累加器 A 中。
```

直接寻址是指令中直接给出存储器单元的地址，常用 direct 表示。

寄存器间接寻址是指在指令中用寄存器中的数作为操作数的地址。寄存器间接寻址用符号 "@" 表示，寻址方式与寻址空间如表 2-2 所示。

表 2-2 寄存器间接寻址方式与寻址空间

寻址方式	寻址空间
寄存器寻址	R0~R7、A、B、Cy(bit)、DPTR
直接寻址	内部 RAM 低 128 字节 特殊功能寄存器
寄存器间接寻址	内部 RAM(@R0、@R1、@SP 仅 PUSH、POP)
立即寻址	程序存储器
变址寻址	程序存储器(@A+PC、@A+DPTR)
相对寻址	程序存储器(PC+偏移量)
位寻址	内部 RAM 中有 128 个可位寻址,特殊功能寄存器中可位寻址

（二）数据传送类指令

数据传送类指令是单片机中最基本的指令,其功能是将源操作数指定的操作数传送到目的操作数规定的单元中,源操作数的内容不变。

数据传送类指令的基本操作数有 5 个,分别为 A（累加器）、direct（直接地址）、♯data（8 位立即数）Rn（通用寄存器）和@Ri（间接寻址寄存器）。

操作码： MOV 用于表示数据传送。

指令格式： MOV 目的操作数,源操作数。

1. 内部 8 位数据传送指令

（1）以累加器 A 为目的操作数的指令

MOV A, ♯data ;A←data,将立即数 data 送入到累加器 A 中。
MOV A, direct ;A←(direct),将 direct 中内容送入到累加器 A 中,direct 中内容不变。
MOV A, R n ;A←(Rn),将 Rn 中内容送入到累加器 A 中,R n 中内容不变。
MOV A, @R i ;A←((Ri)),将 Ri 中内容作为地址,再将此地址中内容送入到累加器 A 中,此地址中内容不变。

例 1： 已知(20H)=56H (R0)=30H (30H)=96H (R2)=1AH,写出执行完下列指令后各个寄存器的内容。

MOV A,♯39H ;(A)=39H
MOV A,20H ;(A)=56H,(20H)=56H
MOV A,R2 ;(A)=1AH,(R3)=1A H
MOV A,@R0 ;(A)=96H,(R0)=30H,(30H)=96H

（2）以 direct 作为目的操作数的指令

MOV direct,A ;direct←(A),将 A 中内容送入到 direct 中,A 中内容不变。
MOV direct1,direct2 ;direct1←(direct2),将 direct1 中内容送入到 direct2 中,direct1 中内容不变。
MOV direct,Rn ;direct←(Rn),将 Rn 中内容送入到 direct 中,Rn 中内容不变。
MOV direct,@Ri ;direct←((Ri)),将 Ri 中内容作为地址,再将此地址中内容送入到 direct 中,此地址中内容不变。
MOV direct,♯data ;direct←data,将立即数 data 送入到 direct 中。

例 2： 已知(A)=78H,(R1)=20H,(R5)=91H,写出执行完下列指令后各个寄存器的内容,并按照源操作数写出每条指令的寻址方式。

```
MOV   20H,#1FH          ;(20H)=1FH,立即寻址。
MOV   30H,A             ;(30H)=78H,(A)=78H,寄存器寻址。
MOV   32H,R5            ;(32H)=91H,(R5)= 91H,寄存器寻址。
MOV   50H,@R1           ;(50H)=1FH,(R1)=20H,(20H)=1FH,寄存器间接寻址。
MOV   20H,30H           ;(20H)=78H,(30H)=78H,直接寻址。
```

注：A 与 Rn 均为寄存器寻址方式
（3）以 Rn 为目的操作数的指令

```
MOV   Rn,A       ;Rn←(A)
MOV   Rn,direct  ;Rn←(direct)
MOV   Rn,#data   ;Rn←data
```

（4）以 @Ri 为目的操作数的指令

```
MOV   @Ri,A       ;(Ri)←(A),将 A 中内容送到 Ri 中内容作为地址的存储单元中,A 中内容
                   不变。
MOV   @Ri,direct  ;(Ri)←(direct)
MOV@Ri,#data      ;(Ri)←data
```

注：因为在单片机的数据传送类指令中规定每条指令中只能有 1 个 Rn 或@Ri,所以 Rn 与 Rn 之间、@Ri 与@Ri 之间、Rn 与@Ri 之间不能直接进行数据传送。

例 3：已知（R0）=98H,要将 R0 的内容送到 R6 和 R7 中。

```
MOV   R0,#98H
MOV   A,R0
MOV   R6,A
MOV   R7,A
```

2. 16 位数据传送

```
MOV   DPTR,#data16
```

3. 对外部 RAM 操作的指令

（1）操作码：MOVX
（2）操作数：A, @Ri,@DPTR

@DPTR 为 16 位地址指针,其高 8 位存于 DPH 中,低 8 位存于 DPL 中。

@Ri 在对于外部 RAM 操作的指令中也作为 16 位地址指针,P2 口存地址的高 8 位,Ri 存地址的低 8 位。

```
读:MOVX   A,@DPTR    ;A←((DPTR)),将外部 RAM 中以 DPTR 中内容作为地址的单元中
                      数据传送到片内累加器 A 中,其原来内容不变。
读:MOVX   A,@Ri      ;A←((Ri)),将 P2 口和 Ri 中内容组成的 16 位外部 RAM 地址中的
                      内容送入到片内累加器 A 中,原地址中内容不变。
写:MOVX   @DPTR,A    ;(DPTR)←(A)
写:MOVX   @Ri,A      ;(Ri)←(A)
```

例 4：已知（2000H）=75H,写出下列指令执行后各个单元中的内容。

```
MOV    DPTR,#2000H   ;(DPTR)=2000H
MOVX   A,@DPTR       ;(A)=75H
MOV    A,#65H        ;  (A)=65H
```

```
MOV    DPTR,#2001H        ;(DPTR)=2001H
MOVX   @DPTR,A            ;(2001H)=65H
MOV    P2,#20H            ;(P2)=20H
MOV    R0,#00H            ;(R0)=00H
MOVX   A,@R0              ;(A)=75H
MOV    R0,#02H            ;(R0)=02H
MOVX   @R0,A              ;(2002H)=75H
```

4. 对外部 ROM 操作指令

```
MOVC   A,@A+DPTR
MOVC   A,@A+PC
```

5. 数据交换指令

```
XCH    A,R n          ;将累加器 A 中内容和 Rn 中内容互换。
XCH    A,@R i         ;将累加器 A 中内容和 Ri 中内容作为地址的单元中内容互换。
XCH    A,direct       ;将累加器 A 中内容和 direct 中内容互换。
```

半字节交换指令：

```
XCHD   A,@R i         ;将 A 中内容的低半字节和 Ri 中内容作为地址的单元中内容低半字节互换。
SWAP   A              ;将 A 中内容的低半字节和高半字节互换。
```

例 5：已知：(A)＝10H，(R1)＝20H，(R2)＝30H，(20H)＝40H，(30H)＝50H，写出下列指令执行后各个单元中的内容。

```
XCH    A,R2       ;(A)=30H,(R2)=10H
XCH    A,@R1      ;(A)=40H,(20H)=30H
XCH    A,30H      ;(A)=50H,(30H)=40H
SWAP   A          ;(A)=05H
XCHD   A,@R1      ;(A)=00H,(20H)=35H
```

6. 对堆栈进行操作的指令

```
压栈   PUSH   direct   ;sp←(sp)+1,sp←(direct)
弹出   POP    direct   ;direct←((sp)),sp←(sp)-1
```

例 6：已知：(A)＝10H，(B)＝20H，(30H)＝30H 写出执行下列指令的结果。

```
PUSH   A     ;(SP)=08H,(08H)=10H
PUSH   B     ;(SP)=09H,(09H)=20H
PUSH   30H   ;(SP)=0AH,(0AH)=30H
POP    30H   ;(30H)=30H,(sp)=09H
POP    B     ;(B)=20H,(sp)=08H
POP    A     ;(A)=10H,(sp)=07H
```

二、算术运算类指令

这类指令共有 24 条，其中包括加法、减法、加 1，减 1 以及乘法除法运算指令，对状态标志位均有影响。

1. 加法指令

加法指令包括带进位和不带进位加法两种，带进位加法常用于多字节的加法运算中。

（1）不带进位的加法指令

```
ADD   A,Rn       ;A ←(A)+(Rn)
ADD   A,direct   ;A ←(A)+(direct)
ADD   A,@Ri      ;A ←(A)+((Ri))
ADD   A,#data    ;A ←(A)+data
```

不带进位的加法指令的功能是将累加器 A 中的内容和源操作数中的内容相加，加后的和再放入累加器 A 中。运算结果影响 PSW 中的 Cy、OV、AC 和 P。

Cy：当加法运算 D7 位（最高位）有进位时，Cy=1；否则 Cy=0。

AC：当加法运算的低 4 位向高 4 位有进位时，AC=1；否则 AC=0。

OV：OV=C8+C7（C8 为最高位进位位，C7 为次高位进位位）。

P：当放入累加器 A 中的"和"中"1"的个数为奇数个时，P=1；否则 P=0。

例 7：写出下列指令执行的结果。

```
MOV   A,#78H    ;(A)=78H
ADD   A,#69H    ;(A)=0E1H,(PSW)=0C4H
```

加法计算过程为：

$$78H=0111\ 1000B$$
$$+69H=0110\ 1001B$$
$$\overline{}$$
$$0E1H=1110\ 0001B$$

Cy=0=C8，C7=1，AC=1，OV=C8⊕C7=0⊕1=1，P=0 则(PSW)=11000100B=0C4H

（2）带进位的加法指令

```
ADDC   A,Rn       ;A ←(A)+(Rn)+(Cy)
ADDC   A,direct   ;A ←(A)+(direct)+(Cy)
ADDC   A,@Ri      ;A ←(A)+((Ri))+(Cy)
ADDC   A,#data    ;A ←(A)+data+(Cy)
```

带进位加法指令和不带进位加法相比较就是在源操作数和累加器 A 内容相加后，还要再加上进位位。运算结果对 PSW 中的 Cy、OV、AC 和 P 影响和不带进位加法指令相同。

例 8：试编写计算 128AH+3B88H 的程序，并将加法运算的结果存入 31H 和 30H 单元中。

解：两个 16 位数据相加可分为两步，先用不带进位的加法指令对低 8 位相加，和存入 30H 单元中，再用带进位加法指令对高 8 位相加，结果存入 31H 单元中，程序设计如下：

```
MOV   A,#8AH    ;(A)=8AH
ADD   A,#88H    ;(A)=12H,(Cy)=1,(PSW)=0C0H
MOV   30H,A     ;(30H)=12H
MOV   A,#12H    ;(A)=12H
ADDC  A,#3BH    ;(A)=4EH,(PSW)=00H
MOV   31H,A     ;(31H)=4EH
```

所以加法运算的结果为 128AH+3B88H=4E12H

2. 减法指令

减法运算只有带借位的减法，如果在进行多字节减法的运算时，在进行最低字节减法运算之前要先将 Cy 清 0，其他字节再用带借位的减法运算。

```
SUBB  A,Rn       ;A←(A)－(Rn)－(Cy)
SUBB  A,direct   ;A←(A)－(direct)－(Cy)
SUBB  A,@Ri      ;A←(A)－((Ri))－(Cy)
SUBB  A,#data    ;A←(A)－data－(Cy)
```

带进位减法指令的功能是用累加器中的数减去源操作数后，再减进位位，结果放在累加器中。运算结果影响 PSW 中的 Cy、OV、AC 和 P。

Cy：当减法运算 D7 位（最高位）有借位时，Cy＝1；否则 Cy＝0。

AC：当减法运算的低 4 位向高 4 位有借位时，AC＝1；否则 AC＝0。

OV：OV＝C8＋C7（C8 为最高位借位位，C7 为次高位借位位）。

P：当放入累加器 A 中的"差"中"1"的个数为奇数个时，P＝1；否则 P＝0。

例 2.3 写出下列指令执行的结果。

```
MOV   PSW,#00H    ;(PSW)=00H,因为 Cy 是 PSW 中的位,将 PSW 清 0,也可将 Cy 清 0
MOV   A,#0A8H     ;(A)=0A8H
SUBB  A,#69H      ;(A)=3FH,(PSW)=0C4H
```

加法计算过程为：

$$
\begin{array}{r}
0A8H=1010\ 1000B \\
-\ \ 69H=0110\ 1001B \\
\hline
3FH=0011\ 1111B
\end{array}
$$

Cy＝0＝C8，C7＝1，AC＝1，OV＝C8⊕C7＝0⊕1＝1，P＝0 则(PSW)＝11000100B＝0C4H

例 9：试编写计算 5E46H-3D62H 的程序，并将结果存入 41H 和 40H 单元中。

解：在进行 16 位减法运算时，要分成两步进行。先进行低 8 位减法，将结果存入 40H 单元中，若产生借位，则再在高 8 位运算时一起减去，将结果存入 41H 中，程序设计如下：

```
MOV   PSW,#00H    ;将 Cy 清 0
MOV   A,#46H      ;(A)=46H
SUBB  A,#62H      ;(A)=(A)－62H－(Cy)=0E4H,(Cy)=1
MOV   40H,A       ;(40H)=0E4H
MOV   A,#5EH      ;(A)=5EH
SUBB  A,#3DH      ;(A)=(A)－3DH－(Cy)=20H
MOV   41H,A       ;(41H)=20H
```

所以减法运算的结果为 5E46H－3D62H ＝20E4H

3. 加 1 指令

```
INC   A          ;A←(A)+1
INC   Rn         ;Rn←(Rn)+1
INC   direct     ;direct←(direct)+1
INC   @Ri        ;(Ri)←((Ri))+1
INC   DPTR       ;DPTR←(DPTR)+1
```

加 1 指令是给目的地址单元中的数加 1，结果仍在原来地址单元。加 1 指令对状态标志寄存器 PSW 没有影响。

4. 减 1 指令

```
DEC  A       ;A←(A)−1
DEC  Rn      ;Rn←(Rn)−1
DEC  direct  ;direct←(direct)−1
DEC  @Ri     ;(Ri)←((Ri))−1
```

减 1 指令是把目的地址单元中的数减 1，结果仍在原来地址单元中。减 1 指令对状态标志寄存器 PSW 没有影响。

例 10：写出下列指令执行的结果。

```
MOV  A,♯1FH      ;(A)=1FH
MOV  R0,A        ;(R0)=1FH
INC  R0          ;(R0)=20H
MOV  @R0,♯50H    ;(20H)=50H
INC  20H         ;(20H)=51H
MOV  R2,20H      ;(R2)=51H
DEC  @R0         ;(20H)=50H
DEC  A           ;(A)=1EH
DEC  R2          ;(R2)=50H
```

5. 十进制调整指令（DA A）

十进制调整指令是一条单字节指令，也称为 BCD 码修正指令，这条指令不能独立出现，必须紧跟在 ADD 或 ADDC 指令之后出现。当两个压缩的 BCD 码用加法指令相加后，在 A 中的"和"是按照二进制相加的结果，必须用这条指令对 BCD 码的加法运算结果进行修正。其修正的方法为：

当低半字节的值>9 或 AC=1 时，低半字节加 6；

当高半字节的值>9 或 C=1 时，高半字节加 6。

在使用时只要在 BCD 码加法运算指令的后面跟一条十进制调整指令就可以了，但不能用于减法运算。

例 11：编写程序实现十进制数 68+78 的 BCD 码加法程序。

```
MOV  A,♯68H ;(A)=68H
ADD  A,♯78H ;(A)=0E0H
DA   A       ;(A)=46H,(Cy)=1
```

$$
\begin{array}{r}
68H=0110\ 1000B \\
+\ 72H=0111\ 1000B \\
\hline
\end{array}
$$

　　E0H=1110 0000B　　(A)=0E0H，(Cy)=0，(AC)=1

调整：　+ 0110 0110B

$$\overline{\qquad\qquad\qquad}$$

　　　　1 0100 0110B　　(A)=46H，(Cy)=1

通过调指令后，操作结果为 146。

6. 乘法指令

```
MUL  AB;BA←(A)×(B)
```

乘法指令的功能是把累加器 A 和寄存器 B 中的两个无符号数相乘，结果的低 8 位放在 A 中，高 8 位放在 B 中。乘法运算影响 PSW 的状态标志 Cy、OV 和 P。

OV:当乘积结果大于 0FFH 时,(OV)=1,否则(OV)=0。

Cy:只要执行乘法运算 Cy 总是被清零。

P:乘法运算后放在 A 中的内容的"1"的个数为奇数个,P=1;否则 P=0。

例 12：写出下列指令执行的结果。

```
MOV   A,#80H;(A)=80H
MOV   B,#21H;(B)=21H
MUL   AB;(A)=80H,(B)=10H,(Cy)=0,(P)=1,(OV)=1
```

7. 除法指令

```
DIV   AB
```

除法指令的功能是把累加器 A 中的无符号数除以寄存器 B 中的无符号数。结果的商在 A 中，余数在 B 中。除法运算影响 PSW 的状态标志 Cy、OV 和 P。

OV:若除数为 0,(OV)=1,否则(OV)=0。

Cy:只要执行除法操作总是清零。

P:除法运算后放在 A 中的内容的"1"的个数为奇数个,P=1;否则 P=0。

例 13：写出下列指令执行的结果。

```
MOV   A,#35H ;(A)=35H
MOV   B,#08H ;(B)=08H
DIV   AB          ;(A)=06H,(B)=05H,(Cy)=0,(P)=0,(OV)=0
```

三、逻辑运算及移位指令

逻辑运算及移位指令共 24 条，包括"与"、"或"、"异或"及累加器清"0"、取反、左移和右移指令。除改变累加器 A 中的内容的指令对奇/偶标志 P 有影响外，不影响其他状态标志。

1. 逻辑"与"运算指令：

```
ANL   A,direct       ; A←(A)∧(direct)
ANL   A,#data        ;A←(A)∧data
ANL   A,Rn           ;A←(A)∧(Rn)
ANL   A,@Ri          ;A←(A)∧((Ri))
ANL   direct,A       ;direct←(direct)∧(A)
ANL   direct,#data   ;direct←(direct)∧data
```

二进制数与逻辑为：有 0 出 0，全 1 出 1。对于十六进制数与逻辑为：任何一个十六进制数和 0 相与，结果为 0；任何一个十六进制数和 F 相与，结果为本身。逻辑"与"运算指令的功能是把目的操作数与源操作数按位相"与"，结果放在目的地址单元中；可用来屏蔽掉字节数据中的某些位。

例 14：编写程序将累加器 A 中压缩的 BCD 码拆开成 2B（两字节）的非压缩的 BCD 码，将结果的高位放入 31H，低位放入 30H 中。

```
MOV   A,#57H
MOV   40H,A
ANL   A,0FH
```

```
MOV   30H,A
MOV   A,40H
SWAP  A
ANL   A,0FH
MOV   31H,A
```

例 15：把累加器 A 中的高 4 位清零，低 4 位不变。数据送外部数据存储器的 2000H 单元中。

解：用 0FH 屏蔽掉高 4 位，保留第 4 位，然后传送，程序设计如下：

```
MOV   DPTR,♯2000H
ANL   A,♯0FH
MOVX  @DPTR,A
```

2. 逻辑"或"运算指令

```
ORL   A,Rn          ;A←(A)∨(Rn)
ORL   A,direct       ;A←(A)∨(direct)
ORL   A,@Ri          ;A←(A)∨((Ri))
ORL   A,♯data        ;A←(A)∨data
ORL   direct,A       ;direct←(direct)∨(A)
ORL   direct,♯data   ;direct←(direct)∨data
```

二进制数或逻辑为：有 1 出 1，全 0 出 0。对于十六进制数或逻辑为：任何一个十六进制数和 0 相或，结果为它本身；任何一个十六进制数和 F 相或，结果为 F。逻辑"或"运算指令的功能是把目的操作数与源操作数按位相"或"，结果放在目的地址单元中；可用来屏蔽掉字节数据中的某些位。

3. 逻辑"异或"运算指令

```
XRL   A,direct       ;A←(A)⊕(direct)
XRL   A,♯data        ;A←(A)⊕data
XRL   A,Rn           ;A←(A)⊕(Rn)
XRL   A,@Ri          ;A←(A)⊕((Ri))
XRL   direct,A       ;direct←(A)⊕(direct)
XRL   direct,♯data   ;direct←(direct)⊕data
```

异或的逻辑为：相同出 0，不同出 1。对于任何二进制数和 0 相异或结果是其本身，任何二进制数和 1 相异或结果被取反。对于十六进制数异或逻辑为：任何数和 0 相异或结果是其本身，任何数和 F 相异或结果是按位取反。逻辑"异或"运算指令的功能是把目的操作数与源操作数按位相"异或"，结果放在目的地址单元中。

例如累加器 A 中的内容为 01100111B，执行指令 XRL A,♯0FH 后，累加器 A 中的内容为 01101000B。

例 16：已知 x＝－45，编写程序求 x 的补码。

解：因为 45D＝0101101B，所以 [x]$_原$＝10101101B＝0ADH，编写程序如下：

```
MOV   A,♯0ADH;(A)=[x]原=0ADH
XRL   A,♯01111111B;(A)=[x]反=11010010B=0D2H
INC   A;(A)=[x]补=11010011B=0D3H
```

4. 取反和清零

取反：CPL　A；累加器 A 中的内容按位取反。

清零：CLR　A；累加器 A 中的内容变为 0。

例如执行 CLR　A 指令之后，累加器 A 中内容被清零，即 (A)＝0000 0000B；再执行 CPL　A 指令后，累加器 A 中的内容全部被取反，即 (A)＝1111 1111B。

5. 移位类指令

(1) 累加器 A 左移指令

RL　A；累加器 A 各位依次左移,最高位移到最低位

其各个位移位的情况如图 2-1 所示：

例 17：写出下列指令执行的结果。

MOV　A　,#02H ;(A)＝02H
RL　　A　　　　;(A)＝04H

注：左移可以实现×2 操作。0～127 之间的数执行左移指令后被扩大一倍。

(2) 带进位位左移

RLC　A；累加器 A 各位依次左移，最高位移到 Cy 中，原 Cy 中内容移到最低位，其各个位移位的情况如图 2-2 所示：

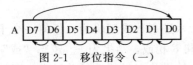 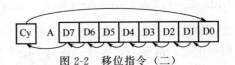

图 2-1　移位指令（一）　　　　图 2-2　移位指令（二）

注：带 Cy 左移也可以实现×2 操作。0～256 之间的数执行带 Cy 左移指令后被扩大一倍。

例 18：已知，(Cy)＝0，写出下列指令执行的结果。

MOV　A　,#81H ;(A)＝81H
RLC　　A　　　　;(A)＝02H,(Cy)＝1

Cy 和累加器 A 中内容组成 102H，是 81H 的 2 倍。

(3) 累加器 A 右移指令

RR　A；累加器 A 各位依次右移,最低位移到最高位

其各个位移位的情况如图 2-3 所示。

例 19：写出下列指令执行的结果。

MOV　A　,#40H ;(A)＝40H
RR　　A　　　　;(A)＝20H

注：右移指令可以实现÷2 操作，要保证÷2 结果正确则 D0 位必须为 0。

(4) 带 Cy 右移指令

RRC　A；累加器 A 各位依次右移，Cy 中内容移到累加器 A 的最高位，最低位的内容移到 Cy 中

其各个位移位的情况如图 2-4 所示：

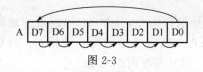

图 2-3

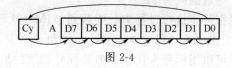

图 2-4

例 20：已知（Cy）＝1，写出下列指令执行的结果。

```
MOV    A , #00H ;(A)=00H
RRC    A        ;(A)=80H,(Cy)=0
```

Cy 中原内容 1 和累加器 A 中的 00H 组成 100H，÷2 后为 80 H。

注：带 Cy 右移指令也可以实现÷2 操作，要保证÷2 结果正确则 D0 位必须为 0。

四、控制转移类指令

控制转移类指令共 17 条，包括无条件转移指令，条件转移指令，调用和返回指令等。其功能是无条件或者有条件地控制程序转移到目的地址单元。

1. 无条件转移指令

无条件转移指令共有 4 条。

（1）长转移指令

```
LJMP   addr16;PC←addr16
```

这条指令是三字节直接寻址的无条件转移指令，转移地址在指令操作数中直接给出，寻址范围为 64K（0000H～FFFFH），所以称为长转移指令。

在程序执行过程中只要遇到 LJMP 就转移到 addr16 所指示的位置，转移地址 addr16 还可以用标号来代替。标号用于表示标号后面的指令所在的地址，标号放在指令的前面，并且用"："号和指令隔开。

例 21：写出下列指令的执行结果，并说出程序执行的流向。

```
ORG   0000H
MOV   A，#06H ;(A)=06H
LJMP  0100H   ;转移到0100H地址执行指令。
ANL   A,#0FH  ;指令被跳过,不被执行。
ORG   0100H
MOV   80H,A   ;(80H)=06H
```

如果以上程序中的 16 位转移地址用标号表示，可以写成如下形式：

```
ORG   0000H
MOV   A，#06H    ;(A)=06H
LJMP   NEXT     ;转移到NEXT指示的地址(0100H)执行指令。
ANL   A,#0FH    ;指令被跳过,不被执行。
ORG   0100H
NEXT：MOV  80H,A;(80H)=06H
```

（2）绝对转移指令

```
AJMP    addr11;PC←(PC)+2,PC10~0←addr16
```

这条指令是双字节直接寻址的无条件转移指令，转移目的地址在指令操作数中直接给出，寻址范围为 2K。

在程序执行过程中只要遇到 AJMP 就转移目的地址执行指令，addr11 代表目的地址的低 11 位地址，目的地址的高 5 位和 AJMP 指令下一条指令所在地址的高 5 位相同。转移地址也可以用标号来代替。但是标号表示的地址必须是在 2kB 范围内的地址。

例如以下程序段出现 AJMP 指令后将这条指令的下一条指令的高 5 位保留为 00100B 和给出的 11 位地址 001 0100 0000B 组成 16 位地址：0010 0001 0100 0000B＝2160H。则转移到 2160H 继续执行程序。

```
2070H：AJMP  160H
2072H：MOV   A，#12H
2074H：
...
2160H：MOV   30H，#89H
2163H：MOV   A，30H
```

例 22：写出下列指令执行的顺序。

指令		执行顺序
MOV A，#03H	；	1
LJMP NEXT1	；	2
MOV 30H，A	；指令被跳过，未执行。	
ANL 30H，#0F	；指令被跳过，未执行。	
NEXT1：MOV R1，#30H	；	3
AJMP NEXT2	；	4
MOV R0，#20H	；指令被跳过，未执行。	
NEXT2：MOV @R1，#78H	；	5
ANL A，@R1	；	6

（3）相对转移（短转移）指令

SJMP   rel；PC←(PC)＋2＋rel

这条指令是双字节相对寻址的无条件转移指令，rel 是以补码形式表示的 8 位的偏移量，寻址范围为 256（−128～＋127），−号表示向回跳转，＋号表示向下跳转。转移地址为程序计数器 PC 的当前值加偏移量，因此称为相对短转移指令。

在用汇编语言编程时，相对地址的偏移量 rel 可以用目的地址的标号（符号地址）表示，程序汇编时自动计算偏移量。

短转移指令的地址也可以用标号来表示。例如前面介绍过的循环移位程序可以用转移指令来缩短程序的长度和减少占用的存储单元地址。程序如下：

```
MOV  A，#01H
LOOP：MOV  P1，A
RL  A
SJMP  LOOP
```

短转移指令常被用于程序结束时的踏步指令，一般用 SJMP $，$ 用来表示当前地址，即：SJMP $ 等价于   LOP：SJMP LOP。

（4）变址寻址转移指令（散转指令）

JMP　@A+DPTR;PC←(A)+(DPTR)

这条指令单字节变址寻址的无条件转移指令，累加器 A 中存放的是相对偏移量，DPTR 中存放的是变址基值，二者之和为转移地址，寻址范围为 64kB（0000H～FFFFH）。

例 23：写出下列指令执行的结果和指令执行顺序。

指令	指令执行结果	执行顺序
ORG　0000H		
MOV　DPTR,#0100H;	(DPTR)=0100H	1
MOV　A,#05H;	(A)=05H	2
JMP　@A+DPTR;	转移地址=0100H+05H=0150H	3
MOV　A,#06H;	指令被跳过未执行	
ORG　0105H		
MOV　30H,#46H;	(30H)=46H	4
ANL　A,30H;	(A)=01H	5
LOP:SJMP LOP;	程序结束	6
END		

2. 条件转移指令

（1）累加器判零转移指令

① 累加器 A 中的内容是 0 转移。

JZ　rel;若(A)=0,则 PC←(PC)+2+rel
　　　　若(A)≠0,则 PC←(PC)+2

这条指令的功能就是若（A）=0，就转移到 rel 所指示的地址；若（A）≠0，则不转移，顺序执行下一条指令。

例 24：写出下列指令执行的结果。

MOV　A,#12H;(A)=12H
ANL　A,#0FH;(A)=02H
JZ　NEXT1;(A)≠0,不转移,顺序执行下一条指令。
MOV　30H,#45H;(30H)=45H
NEXT1:MOV　A,#12H;(A)=12H
ANL　A,#00H;(A)=00H
JZ　NEXT2;(A)=0,转移到 NEXT2 标号指示的地址。
MOV　30H,#45H ;指令被跳过,不被执行。
NEXT2:MOV　A,#78H;(A)=78H
SJMP　$　;程序结束。

② 累加器 A 中的内容不是 0 转移。

JNZ　rel;若(A)≠0,则 PC←(PC)+2+rel
　　　　若(A)=0,则 PC←(PC)+2

这条指令的功能和 JZ　rel 相反，若（A）≠0，就转移到 rel 所指示的地址；若（A）=0，则不转移，顺序执行下一条指令。

（2）比较不相等转移指令

是根据两数比较的结果决定程序是否转移，共有 4 条，均是相对寻址的三字节指令。比较相等时，程序顺序执行，不相等时转移，并且当目的地址单元中的数小于源地址单元中的数据时，进位位 Cy 置 1，否则清零，不影响其他状态标志位。

CJNE　A,#data,rel 　　;(A)≠data,就转移到 rel 所指示的地址[如果(A)＞ data 则(Cy)=0。

　　　　　　　　　　　　;如果(A)＜data 则(Cy)=1]。

　　　　　　　　　　　　;(A)=data,不转移,顺序执行下一条指令。

CJNE　A,direct,rel 　　;(A)≠(direct),就转移到 rel 所指示的地址[如果(A)＞(direct)则(Cy)=0;

　　　　　　　　　　　　;如果(A)＜(direct)则(Cy)=1]。

　　　　　　　　　　　　;(A)=(direct),不转移,顺序执行下一条指令。

CJNE　Rn,#data,rel 　　;(Rn)≠data,就转移到 rel 所指示的地址[如果(Rn)＞ data 则(Cy)=0;如

　　　　　　　　　　　　;果(Rn)＜data 则(Cy)=1]。

　　　　　　　　　　　　;(Rn)=data,不转移,顺序执行下一条指令。

CJNE　@Ri,#data,rel 　;((Ri))≠data,就转移到 rel 所指示的地址[如果(Ri)＞ data 则(Cy)=0;

　　　　　　　　　　　　;如果(Ri)＜data 则(Cy)=1]

　　　　　　　　　　　　;(Ri)=data,不转移,顺序执行下一条指令

（3）减 1 不为零转移指令

对指定单元减 1 计数，结果不为零时转移，否则顺序执行，共有 2 条，均是相对寻址的转移指令。

DJNZ　Rn,rel 　　　　;Rn←(Rn)-1 后,如果(Rn)≠0,转移到 rel 所指示的地址。

　　　　　　　　　　　;　Rn←(Rn)-1 后,如果(Rn)=0,不转移,顺序执行下一条指令。

DJNZ　direct,rel 　　;direct←(direct)-1 后,如果(direct)≠0,转移到 rel 所指示的地址。

　　　　　　　　　　　;　direct←(direct)-1 后,(direct)=0,不转移,顺序执行下一条指令。

例 25： 编程实现 0+1+2+3+4+…+20 的操作。

```
        MOV   A,#00H
        MOV   30H,#01H
        MOV   R1,#14H
LOOP:ADD   A,30H
        INC   30H
        DJNZ  R1,LOOP
        SJMP  $
```

① DJNZ 指令主要应用于循环程序，操作数 Rn 或 direct 作为循环次数的计数器，每循环一次减 1 直到减为 0，循环结束。

② DJNZ 指令可以用于延时程序中实现定时操作。

3. 调用/返回类指令

调用指令在主程序中使用，执行时保护断点，使程序转向子程序入口；返回指令在子程序的末尾使用，其作用是返回到主程序中原来被断开的地方，即断点。

（1）调用指令

LCALL　addr16;PC←(PC)+3(找到断点地址)。

　　　　　　　　;SP←(SP)+1,(SP)←PC$_{7\sim0}$(将断点地址的低 8 位压入堆栈)。

　　　　　　　　;SP←(SP)+1,(SP)←PC$_{15\sim8}$(将断点地址的高 8 位压入堆栈)。

　　　　　　　　;PC←addr16(转移到子程序入口地址)。

这条指令是直接寻址的三字节指令，将程序计数器 PC 的当前值压入堆栈，子程序入口地址 ddr16 送 PC。寻址范围为 64K（0000H～FFFFH），称为长调用指令。

ACALL　addr11;PC←(PC)+2(找到断点地址)。

　　　　　　　;SP←(SP)+1,(SP)←PC$_{7\sim0}$(将断点地址的低 8 位压入堆栈)。

　　　　　　　;SP←(SP)+1,(SP)←PC$_{15\sim8}$(将断点地址的高 8 位压入堆栈)。

　　　　　　　;PC←addr11(转移到子程序入口地址)。

这条指令是直接寻址的双字节指令，使程序计数器 PC 的当前值压栈，11 位的子程序入口地址 addr11 送 PC 的低 11 位，与其高 5 位合成 16 位地址，常称为绝对调用指令，指令格式与绝对转移指令 AJMP 类似，寻址范围为 2K。

（2）返回指令

返回指令有两条，一条是子程序返回指令，另一条是中断返回指令。

RET ;PC$_{15\sim8}$←((SP))，SP←(SP)−1(将断点地址的高 8 位弹出堆栈)。

　　　;PC$_{7\sim0}$←((SP))，SP←(SP)−1(将断点地址的低 8 位弹出堆栈)。

这条指令是子程序返回指令，单字节，无操作数，其功能是弹栈，把断点地址送回到程序计数器 PC 中，即返回到调用该子程序的程序断点处。一般用在子程序的末尾。

RETI ;PC$_{15\sim8}$←((SP))，SP←(SP)−1(将断点地址的高 8 位弹出堆栈)。

　　　;PC$_{7\sim0}$←((SP))，SP←(SP)−1(将断点地址的低 8 位弹出堆栈)。

　　　;清相应中断状态位。

这条指令是中断返回指令，单字节，无操作数，其功能与 RET 相同，使程序返回到被中断的程序断点处。另外，该指令具有清除中断响应时置位的标志，开放低一级的中断以及恢复中断逻辑等功能。

4. 空操作指令

NOP;PC←(PC)+1

执行这条指令时单片机不进行任何操作，只是占用一个机器周期的时间，一般用于延时程序中调整时间。

五、位操作类指令

位操作类指令是对能够进行位寻址的位进行操作的指令，在单片机中可以位寻址的地址包括位寻址区：20H~2FH 中的 128 个位地址和 SFR 中的 83 个位地址，共有 211 个位地址，其中 PSW 中的 Cy 作为布尔处理器使用，在指令中用"C"表示，其余的 210 个位地址在指令中用"bit"表示。

共有 17 条指令，包括位传送、位清零、位取反、按位"与"和按位"或"等，用来对位地址空间进行操作。

1. 位传送指令

MOV　C，bit;Cy←(bit)（将 bit 位的内容送到布尔累加器 Cy 中）。

MOV　bit，C;bit←(Cy)（将布尔累加器 Cy 中的内容送到 bit 位中）。

有两条，是位寻址的双字节指令，第二字节为位地址，用来实现位累加器 Cy 与位地址单元数据传送。在汇编语言程序设计中，寻址位可用位地址、位名称（如 F0）及寄存器加标注来表示，如 PSW.6。

例 26：已知（A）=89H，（30H）=0A6H 写出下列指令执行的结果。

ADD　A，30H　　;(A)=2FH,(PSW)=85H,(Cy)=1

MOV   P1.2，C   ;(P1.2)＝(Cy)＝1
MOV   20H.3,C   ;(20H.3)＝(Cy)＝1
MOV   03H,C   ;(03H)＝(Cy)＝1

2. 位清零和置 1 指令

CLR   C   ;Cy←0(将 CY 清零)
CLR   bit   ;bit←0(将 bit 位清零)

有两条，一条是单字节指令，另一条是双字节指令，用来把进位位 Cy 或指定位清零。例如执行指令 CLR   ACC.0 后累加器 A 中 ACC.0 位被清零。

SETB   C   ;Cy←1(将 Cy 置 1)
SETB   bit   ;bit←1(将 bit 位置 1)

有两条，一条是单字节指令，另一条是双字节指令，用来把进位位 Cy 或指定位置 1。

3. 位逻辑运算指令
（1）按位"与"指令

ANL   C，bit   ;Cy←(Cy)∧(bit)(将 Cy 中的内容与 bit 位的内容相与,与运算结果送到 Cy。)
ANL   C，/bit   ;Cy←(Cy)∧(bit)(bit 位中内容取反,再和 Cy 中内容相与,结果送到 Cy。)

有两条，均为双字节指令，其功能是把位累加器 Cy 中的内容与指定位中的内容或其反码"与"，结果在 Cy 中。

（2）按位"或"指令

ORL   C，bit ;Cy←(Cy)∨(bit)(将 Cy 中内容与 bit 位的内容相或,结果送到 Cy。)
ORL   C，/bit;Cy←(Cy)∨(bit)(bit 位中的内容取反,再和 Cy 中内容相或,结果送到 Cy)

有两条，均是双字节指令，其功能是把位累加器 Cy 中的内容与指定位中的内容或其反码"或"，结果在 Cy 中。

4. 位取反指令

CPL   C   ;Cy←(Cy)(将 Cy 的内容取反,再送回到 Cy 中。)
CPL   bit ;bit←(bit)(将 bit 位的内容取反,再送回到 bit 位中。)

有两条，一条是单字节指令，另一条是双字节指令，用来把进位位 Cy 或指定位中的数取反。

5. 位条件转移指令
（1）判断 Cy 转移指令

判断 Cy 转移指令是根据特定的条件控制程序的转移，共有 2 条，均是相对寻址的双字节指令。转移地址为程序计数器 PC 的当前值加偏移量 rel。

JC   rel ;如果(Cy)＝1,转移到 rel 所指示的地址。
       ;如果(Cy)≠1,不转移,顺序执行下一条指令。
JNC   rel ;如果(Cy)≠1,转移到 rel 所指示的地址。
       ;如果(Cy)＝1,不转移,顺序执行下一条指令。

（2）判断 bit 位转移指令

判断 bit 位转移指令共有 3 条，均是相对寻址的三字节指令。其中第二字节是位地址，第三字节是偏移量。转移地址为程序计数器 PC 的当前值加偏移量。

JB   bit,rel   ;如果(bit)＝1,转移到 rel 所指示的地址。

;如果(bit)≠1,不转移,顺序执行下一条指令。

JBC bit,rel ;如果(bit)＝1,转移到 rel 所指示的地址,并且将 bit 位清零。

;如果(bit)≠1,不转移,顺序执行下一条指令。

JNB bit,rel ;如果(bit)≠1,转移到 rel 所指示的地址。

;如果(bit)＝1,不转移,顺序执行下一条指令。

单片机汇编语言指令汇总见表 2-3。

表 2-3　指令汇总表

机器码	助记符	周期数	机器码	助记符	周期数
$a_{10}a_9a_8$10001, addr$_{7\sim0}$	ACALL addr11	2	F8H～FFH	MOV Rn, A	1
28H～2FH	ADD A,Rn	1	A8H～AFH direct	MOV Rn ,direct	1
25H direct	ADD A,direct	1	78H～7FH data	MOV Rn ,#data	1
26H～27H	ADD A,@Ri	1	F5H direct	MOV direct, A	1
24H data	ADD A,#data	1	88H～8FH direct	MOV direct, Rn	1
38H～3FH	ADDC A,Rn	1	85H direct1 direct2	MOV direct1, direct2	2
35H direct	ADDC A,direct	1	86H～87H direct	MOV direct, @Ri	2
36H～37H	ADDC A,@Ri	1	75H direct data	MOV direct,#data	2
34H data	ADDC A,#data	1	F6H～F7H	MOV @Ri, A	1
$a_{10}a_9a_8$00001, addr$_{7\sim0}$	AJMP addr11	2	A6H～A7H direct	MOV @Ri ,direct	2
58H～5FH	ANL A, Rn	1	76H～77H data	MOV @Ri ,#data	1
55H direct	ANL A,direct	1	A2H bit	MOV C,bit	2
56H～57H	ANL A,@Ri	1	92H bit	MOV bit, C	2
54H data	ANL A,#data	1	90H data$_{15\sim8}$ data$_{7\sim0}$	MOV DPTR #data16	2
52H direct	ANL direct, A	1	93H	MOVC A,@A+DPTR	2
53H direct data	ANL direct,#data	2	83H	MOVC A,@A+PC	2
82H bit	ANL C,bit	2	F2H-E3H	MOVX A,@Ri	2
B0H bit	ANL C,/bit	2	F0H	MOVX, DPTR	2
B5H direct rel	CJNE A,direct,rel	2	A4H	MUL LAB	4
B4H data rel	CJNE A, #data,rel	2	00H	NOP	1
B8H～BFH data rel	CJNE Rn, #data,rel	2	48H～4FH	ORL A, Rn	1
B6H～B7H data rel	CJNE @Ri, #data,rel	2	45H direct	ORL A,direct	1
E4H	CLR A	1	46H～47H	ORL A,@Ri	1
C3H	CLR C	1	44H data	ORL A,#data	1
C2H bit	CLR bit	1	42H direct	ORL direct, A	1
F4H	CPL A	1	43H direct data	ORL direct,#data	2
B3H	CPL C	1	72H bit	ORL C,bit	2
B2H bit	CPL bit	1	A0H bit	ORL C,/bit	2
D4H	DA A	1	D0H direct	POP direct	2
14H	DEC A	1	C0H direct	PUSH direct	2
18H～1FH	DEC Rn	1	22H	RET	2

机器码	助记符	周期数	机器码	助记符	周期数
15H direct	DEC direct	1	32H	RETI	2
16H~17H	DEC @Ri	1	23H	RL A	1
84H	DIV AB	4	33H	RLC A	1
D8H~DFH rel	DJNZ Rn,rel	2	03H	RRA	1
D5H direct rel	DJNZ direct,rel	2	13H	RRC A	1
04H	INC A	1	D3H	SETB C	1
08H~0FH	INC Rn	1	D2H bit	SETB bit	1
05H direct	INC direct	1	80H rel	SJMP rel	2
06H~07H	INC @Ri	1	98H~9FH	SUBB A,Rn	1
A3H	INC DPTR	2	95H direct	SUBB A,direct	1
20H bit rel	JB bit,rel	2	96H~97H	SUBB A,@Ri	1
10H bit rel	JBCbit,rel	2	94H data	SUBB A,♯data	1
40H rel	JCrel	2	C4H	SWAP	1
73H	JMP A+DPTR	2	C8H~CFH	XCH A, Rn	1
30H bit rel	JNB bit,rel	2	C5H direct	XCH A,direct	1
50H rel	JNC rel	2	C6H~C7H	XCH A,@Ri	1
70H rel	JNZ rel	2	D6H~D7H	XCHD A,@Ri	1
60H rel	JZ rel	2	68H~6FH	XRL A, Rn	1
12Haddr$_{15\sim8}$ addr$_{7\sim0}$	LCALL addr16	2	65H direct	XRL A,direct	1
02Haddr$_{15\sim8}$ addr$_{7\sim0}$	LJMP addr16	2	66H~67H	XRL A,@Ri	1
E8H~EFH	MOV A,Rn	1	64H data	XRL A,♯data	1
E5H direct	MOV A,direct	1	62H direct	XRL direct, A	1
E6H~E7H	MOV A,@Ri	1	63H direct data	XRL direct,♯data	2
74H data	MOV A,♯data	1			

六、80C51 汇编语言的伪指令

80C51 汇编语言的伪指令和前面介绍的 111 条指令不同，它不是真正的指令，没有对应的机器码，在汇编时不产生目标程序（机器码），只是用来对汇编过程进行控制，所以称为伪指令。

1. 汇编起始地址伪指令

汇编起始地址伪指令的一般格式如下：

ORG 表达式

例如：ORG　0200H

MAIN：MOV A,♯69H

这段程序汇编后目标代码在存储器中存放的起始地址是 0200H。

2. 汇编结束伪指令

汇编结束伪指令一般格式如下：

格式 1：〈字符名称〉　END　〈表达式〉

格式 2:〈字符名称〉 END 或者 END

该指令是汇编语言源程序的结束标志,在 END 以后所写的指令,汇编程序都不予处理。因此,在一个源程序中只允许出现一个 END 语句,它必须放在整个程序的最后。

3. 赋值伪指令

赋值伪指令一般格式如下:

〈字符名称〉 EQU 〈表达式〉

该指令的功能是将"表达式"赋给"字符名称"。

例如:WR EQU R0

MOV A,WR

用赋值伪指令将 R0 用 WR 代替,在程序中出现的 WR 均表示 R0,上面的指令功能是将 R0 中内容送到累加器 A 中。

用 EQU 指令给一个字符名称赋值之后,在整个程序中该字符名称的值都是固定的,不能更改。若需更改,需用伪指令重新定义赋值。

4. 数据地址定义指令

数据地址定义指令一般格式如下:

〈字符名称〉 DATA 〈表达式〉

DATA 伪指令的功能与 EQU 有些相似,使用时要注意它们有以下区别:

① EQU 伪指令必须先定义后使用,而 DATA 伪指令可以后定义先使用;

② 用 EQU 伪指令可以把一个汇编符号赋给一个字符名称,而 DATA 只能把数据赋给字符名称;

③ DATA 伪指令可将一个表达式的值赋给一个字符名称,所定义的字符名称也可以出现在表达式中,而 EQU 定义的字符则不能这样使用。DATA 伪指令在程序中常用来定义数据地址。

5. 定义标号值伪指令

定义标号值伪指令一般格式如下:

〈字符名称〉 DL 〈表达式〉

例如:NUB DL 2000H ;定义标号 NUB 的值为 2000H。

NUB DL NUB+3 ;重新定义 NUB 的值为 2000H+3。

DL 和 EQU 的功能都是将表达式值赋予标号,但两者有差别:可用 DL 语句在同一源程序中给同一标号赋予不同的值,即可更改已定义的标号值;而用 EQU 语句定义的标号,在整个源程序中不能更改。

6. 定义字节伪指令

定义字节伪指令一般格式如下:

〈字符名称〉 DB 〈表达式或表达式列表〉

定义字节伪指令是在程序存储器的某一部分存入一组 8 位二进制数,或者将一个数据表格存入程序存储器中。这个伪指令在汇编以后,将影响程序存储器的内容。

例 27: ORG 0150H

TAB: DB 0C0H,0F9H,0A4H,0B0H

DB 99H,92H,82H,0F8H

DB　80H

DB　90H

7. 定义字伪指令

定义字伪指令一般格式如下：

〈字符名称〉　DW　〈表达式或表达式表〉

DW 是从指定的地址开始定义若干 16 位数据，且把字的高字节数存入低地址单元，低字节数存入高地址单元，按顺序连续存放。

例 28： ORG　1000H

DW　1200H，34H，567H

则从地址 1000H 开始依次按顺序存入 12H，00H，00H，34H，05H，67H。

8. 定义存储区伪指令

定义存储区伪指令一般格式如下：

〈字符名称〉DS　〈表达式〉

定义存储区伪指令是从指定的地址开始，保留若干字节的内存空间以作备用。汇编时，对这些单元不赋值。

例 29： ORG　　0000H

DS　08H

DB　12H，34H

在 0000H 开始保留 8 个地址单元未用，从 1008H 开始存入 12H，34H。

9. 位地址符号伪指令

位地址符号伪指令一般格式如下：

〈字符名称〉　BIT　〈位地址〉

位地址符号伪指令是对位地址赋予所规定的字符名称。

说明：其中，位地址可以是绝对地址，也可以是符号地址。

例 30： I1　BIT　P1.1

I2　BIT　P1.2

MOV　C，I1

MOV　I2，C

用 I1 代表 P1.1，用 I2 代表 P1.2，指令执行的功能是将 P1.1 的内容送入到 Cy 中，再将 Cy 中内容送入到 P1.2 中。

七、单片机的 C 语言

1. 什么是单片机的 C51 语言

随着单片机开发技术的不断发展，目前已有越来越多的人从普遍使用汇编语言逐渐过渡到使用高级语言开发，其中又以 C 语言为主，市场上几种常见的单片机均有其 C 语言开发环境。应用于 51 系列单片机开发的 C 语言通常简称为 C51 语言。

2. 为什么要用 C 语言编程

第一个主要原因是汇编的缺点在于它的可读性和可维护性特差，而 C 语言很好的结构性和模块化更容易阅读和维护，而且由于模块化用 C 语言编写的程序有很好的可移植性，功能化的代码能够很方便地从一个工程移植到另一个工程，从而减少了开发时间。

第二个主要原因用 C 语言编写程序比汇编更符合人们的思维逻辑，开发者只需专注算法不用过多考虑处理器等硬件，上手比较快大大减少了开发周期。

综合来看 C 语言具有良好的可读性、可移植性和不需要过多硬件操作能力。

3. C 语言编写单片机应用程序与标准的 C 语言程序的区别

C 语言编写单片机应用程序时，需根据单片机存储结构及内部资源定义相应的数据类型和变量，而标准的 C 语言程序不需要考虑这些问题。

C51 包含的数据类型、变量存储模式、输入输出处理、函数等方面与标准的 C 语言有一定的区别。其他的语法规则、程序结构及程序设计方法等与标准的 C 语言程序设计相同。

4. 用什么软件来编程

Keil C51 是德国知名软件公司 Keil 开发的基于 8051 内核的微控制器软件开发平台，Keil C51 是目前最流行的 51 系列单片机的 C 语言程序开发工具。

5. C51 用于单片机的开发过程

图 2-5 为单片机开发过程示意。

① 编写源程序。

② 建立工程，加入源程序。

③ 编译生产目标程序。

④ 仿真调试、写存储器。

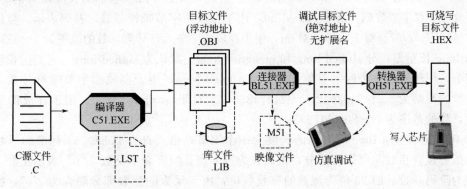

图 2-5　单片机的开发过程

6. C51 语言程序设计基础知识

（1）C51 的数据类型

数据单片机操作的对象，是具有一定格式的数字或数值，数据的不同格式称为数据类型。

数据类型决定其取值范围、占用存储器的大小及可参与哪种运算。Keil C51 支持的基本数据类型如表 2-4 所示。

表 2-4　Keil C51 支持的基本数据类型

数据类型		长度（位）	取值范围
字符型	signed char	8	−128～127,有符号字符变量
	unsigned char	8	0～255,无符号字符变量
整　型	signed int	16	−32768～32767,有符号整型数
	unsigned int	16	0～65535,无符号整型数

数据类型		长度（位）	取值范围
长整型	signed long	32	－21474883648～21474883647
	unsigned long	32	0～4294967295
浮点型	float	32	±1.75494E－38～±3.402823E＋38
位　型	bit	1	0,1
	sbit	1	0,1
访问 SFR	sfr	8	0～255
	sfr16	16	0～65535

① char 字符型：有 signed char 和 unsigned char 之分，默认为 signed char。它们的长度均为一个字节，用于存放一个单字节的数据。

对于 signed char，它用于定义带符号字节数据，其字节的最高位为符号位，"0"表示正数，"1"表示负数，补码表示，所能表示的数值范围是－128～＋127；

对于 unsigned char，它用于定义无符号字节数据或字符，可以存放一个字节的无符号数，其取值范围为0～255。unsigned char 可以用来存放无符号数，也可以存放西文字符，一个西文字符占一个字节，在计算机内部用 ASCII 码存放。

② int 整型：分 singed int 和 unsigned int。默认为 signed int。它们的长度均为两个字节，用于存放一个双字节数据。对于 signed int，用于存放两字节带符号数，补码表示，数的范畴为－32768～＋32767。对于 unsigned int，用于存放两字节无符号数，数的范围为0～65535。

③ long 长整型：分 singed long 和 unsigned long。默认为 signed long。它们的长度均为四个字节，用于存放一个四字节数据。对于 signed long，用于存放四字节带符号数，补码表示，数的范畴为－2147483648～＋2147483647。对于 unsigned long，用于存放四字节无符号数，数的范围为0～4294967295。

④ float 浮点型：float 型数据的长度为四个字节，格式符合 IEEE-754 标准的单精度浮点型数据，包含指数和尾数两部分，最高位为符号位，"1"表示负数，"0"表示正数，其次的 8 位为阶码，最后的 23 位为尾数的有效数位，由于尾数的整数部分隐含为"1"，所以尾数的精度为 24 位。

⑤ 指针型：指针型本身就是一个变量，在这个变量中存放的指向另一个数据的地址。这个指针变量要占用一定的内存单元，对不同的处理器其长度不一样，在 C51 中它的长度一般为 1～3 个字节。

⑥ 位类型：这也是 C51 中扩充的数据类型，用于访问 MCS-51 单片机中的可寻址的位单元。在 C51 中，支持两种位类型：bit 型和 sbit 型。它们在内存中都只占一个二进制位，其值可以是"1"或"0"。

其中，用 bit 定义的位变量在 C51 编译器编译时，在不同的时候位地址是可以变化的，而用 sbit 定义的位变量必须与 MCS-51 单片机的一个可以寻址位单元或可位寻址的字节单元中的某一位联系在一起，在 C51 编译器编译时，其对应的位地址是不可变化的。

⑦ C51 扩充数据类型——bit、sfr 或 sfr16、sbit：

• bit 型

用 bit 定义一个位变量，语法规则如下：

bit bit_name　［＝常数 0～1］；

例如：bit cup＝1；　　　//定义一个叫 cup 的变量且初值为1。

- Sfr 或 sfr16 型

sfr 定义特殊功能寄存器 SFR，语法规则如下：

sfr 或 sfr16 sfr_name ＝ 字节地址常数；

例如：sfr P0 ＝ 0x80;　　　　　//定义 P0 口地址 80H。
　　　sfr PCON ＝ 0x87;　　　　//定义 PCON 地址 87H。
　　　sfr16 DPTR＝0x82;　　　　//定义 DPTR 的低端地址 82H。

a. sbit　bit_name ＝ 位地址常数；
将位于 SFR 字节地址内的绝对位地址定义为位变量名。
例如，sbit Cy ＝ 0xD7;
b. sbit bit_name ＝　sfr_name ˆ 位位置；
将已有定义的 SFR 的 0～7 位定义为位变量名。
例如：sfr PSW ＝ 0xD0;
　　　sbit Cy ＝ PSWˆ7;

c. sbit　bit_name ＝ sfr 字节地址 ˆ 位位置；
将 SFR 字节地址的相对位地址定义为位变量名。

例如：sbit Cy ＝ 0xD0ˆ7;

注：在 C51 语言程序中，有可能会出现在运算中数据类型不一致的情况。C51 允许任何标准数据类型的隐式转换，隐式转换的优先级顺序如下：

bit→char→int→long→float→signed→unsigned

当 char 型与 int 型进行运算时，先自动对 char 型扩展为 int 型，然后与 int 型进行运算，运算结果为 int 型。C51 除了支持隐式类型转换外，还可以通过强制类型转换符"（）"对数据类型进行人为的强制转换。

C51 编译器除了能支持以上这些基本数据类型之外，还能支持一些复杂的组合型数据类型，如数组类型、指针类型、结构类型、联合类型等这些复杂的数据类型，在后面将相继介绍。

（2）数据的存储类型

C51 的存储器类型

对于数据来说知道了数据类型还不够，还得知道它们存储在哪里，存储器类型是什么，也就是说 C51 定义的任何数据类型必须以一定的方式定位在 8051 单片机的某一存储区中，否则没有任何实际意义，C51 的存储器类型与单片机存储空间的对应关系如表 2-5 所示。

表 2-5　C51 的存储器类型与单片机存储空间的对应关系表

存储器类型	长度(位)		对应单片机存储器
bdata	1	片内 RAM	位寻址区，共 128 位(也可字节访问)
data	8		直接寻址，共 128 字节
idata	8		间接寻址，共 256 字节
pdata	8	片外 RAM	分页间址，共 256 字节(MOVX　@Ri)
xdata	16		间接寻址，共 64k 字节(MOVX　@DPTR)
code	16	ROM	间接寻址，共 64k 字节(MOVC　A,@A+DPTR)

建立 C51 存储类型与单片机存储空间的对应关系如图 2-6 所示。

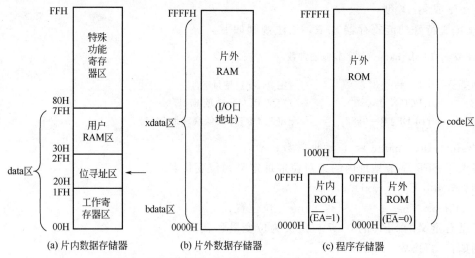

图 2-6　C51 存储类型与单片机存储空间的对应关系

经常使用的变量应该置于片内 RAM 中，要用 bdata、data、idata 来定义，不经常使用的变量或规模较大的变量应该置于片外 RAM 中，要用 pdata、xdata 来定义，默认存储器类型由编译控制命令的存储模式指令限制。

C51 编译器的三种编译模式见表 2-6。

表 2-6　C51 编译器的三种编译模式

存储模式	默认存储类型	特　　点
SMALL	data	小模式。变量默认在片内 RAM。空间小，速度快
COMPACT	pdata	紧凑模式。变量默认在片外 RAM 的页（256 字节，页号由 P2 口决定）
LARGE	xdata	大模式。变量默认在片外 RAM 的 64kB 范围。空间大，速度慢

（3）标识符

用来标识常量名、变量名、函数名等对象的有效字符序列称为标识符。合法的标识符由字母、数字和下划线组成，并且第一个字符必须为字母或下划线。

AAD,DDI,_AD,PI 都是合法标识符而 1qq,213bb,a&b 都是非法标识符。

在 C51 语言的标识符中，大、小写字母是严格区分的。例如 AAbb 与 aaBB 是两个不同标识符。

C51 语言的标识符可以分为 3 类：关键字、预定义标识符和自定义标识符。

① 关键字：关键字是 C51 语言规定的一批标识符，在源程序中代表固定的含义，不能另作他用。C51 语言除了支持 ANSI 标准 C 语言中的关键字外，还根据 51 系列单片机的结构特点扩展部分关键字。

② 预定义标识符：预定义标识符是指 C51 语言提供的系统函数的名字（如 printf、scanf）和预编译处理命令（如 define、include）等。C51 语言语法允许用户把这类标识符另作他用，但将使这些标识符失去系统规定的原意。因此，为了避免误解，建议用户不要把预定义标识符另作他用。

③ 自定义标识符：由用户根据需要定义的标识符，一般用来给变量、函数、数组或文件等命名。程序中使用的自定义标识符除要遵循标识符的命名规则外，还应做到"见名知

意",即选择具有相关含义的英文单词或汉语拼音,以增加程序的可读性。

如果自定义标识符与关键字相同,程序在编译时将给出出错信息;如果自定义标识符与预定义标识符相同,系统并不报错。

(4)常量

在程序运行过程中其值始终不变的量称为常量。

在 C51 语言中,可以使用整型常量、实型常量、字符型常量。

① 整型常量:整型常量又称为整数。在 C51 语言中,整数可以用十进制、八进制和十六进制形式来表示。但 C51 中数据的输出形式只有十进制和十六进制两种。

在 C51 语言中,还可以用一个"特别指定"的标识符来代替一个常量,称为符号常量。符号常量通常用 ♯define 命令定义,如

```
♯define   PI=   3.1415926   // 定义符号常量 PI=3.1415926。
```

② 实型常量:实型常量又称实数。在 C51 语言中,实数有两种表示形式,均采用十进制数,默认格式输出时最多只保留 6 位小数。

· 小数形式:由数字和小数点组成。例如 1.0256、.345、123.、0.2 等都是合法的实型常量。

· 指数形式:小数形式的实数 E[±] 整数。例如,1.0256 可以写成 0.10256E1,或 1.0256E0,或 10.256E-1。

③ 字符型常量:用单引号括起来的一个 ASCⅡ 字符集中的可显示字符称为字符常量。例如,"A"、"a"、"9"、"♯"、"%"都是合法的字符常量。C51 语言规定,所有字符常量都可作为整型常量来处理。字符常量在内存中占 1Byte,存放的是字符的 ASCII 代码值。

例如,下列程序片段的执行结果为 z=16(或 0x10)。

```
unsigned char   x='A', y='a';
unsigned z;
z=(y-x)/2;
```

(5)变量

变量是指在程序运行过程中其值可以改变的量。变量应该先定义后使用,定义格式如下:

```
数据类型   变量标识符[=初值]
```

变量定义通常放在函数的开头部分,但也可以放在函数的外部或复合语句的开头。以 int 为例,变量的定义方式主要有以下 3 种:

```
int x;        // 定义一个变量。
int x, y, z;  // 定义多个变量。
int x=1, j;   // 定义变量的同时给变量赋初值。
```

例如:单片机控制一个 LED 灯闪烁,单片机 Proteus 仿真电路图,见图 2-7。

```
/*    名称:闪烁的 LED
      说明:LED 按设定的时间间隔闪烁
*/
♯include<reg51.h>
♯define uchar unsigned char
♯define uint unsigned int
```

```
Sfr P0RTP1＝0x90          ;//定义 sfr 类型变量 P0RTP1
sbit LED＝P1ˉ0            ;//定义单片机端口 P1.0 为 LED
void DelayMS(uint x)      //延时子函数
{
    uchar i              ;//无符号字符型变量 i.
    while(x－－)
    {
        for(i=0;i＜120;i＋＋);
    }
}
//主程序
void main()
{
    while(1)             //无限循环函数
    {
        LED＝～LED        ;//取反
        DelayMS(100)     ;//调用延时函数,延时 100ms
    }
}
```

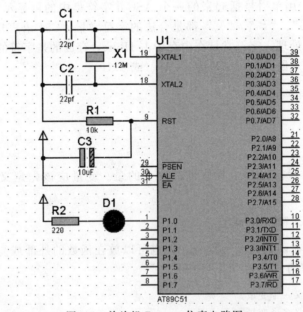

图 2-7　单片机 Proteus 仿真电路图

（6）C51 的运算符和表达式

① 赋值运算符"＝"：在 C51 中，它的功能是将一个数据的值赋给一个变量，如 x＝10。利用赋值运算符将一个变量与一个表达式连接起来的式子称为赋值表达式，在赋值表达式的后面加一个分号"；"就构成了赋值语句。赋值语句的格式如下：

变量＝表达式；

执行时先计算出右边表达式的值，然后赋给左边的变量。例如：

x＝8＋9；　/＊将 8＋9 的值赋给变量 x＊/
x＝y＝5；　/＊将常数 5 同时赋给变量 x 和 y＊/

C51 中，允许在一个语句中同时给多个变量赋值，赋值顺序自右向左。

② 算术运算符：C51 中支持的算术运算符有

＋加或取正值运算符　；　　　　 － 减或取负值运算符；
＊乘运算符　　　　　；　　　　　 / 除运算符；
％取余运算符。

说明：对于除运算，如相除的两个数为浮点数，则运算的结果也为浮点数，如相除的两个数为整数，则运算的结果也为整数，即为整除。如 25.0/20.0 结果为 1.25，而 25/20 结果为 1。

对于取余运算，则要求参加运算的两个数必须为整数，运算结果为它们的余数。例如：x＝5％3，结果 x 的值为 2。

③ 关系运算符：C51 中有 6 种关系运算符，分别是

＞　　　 大于　　　 ；　　　　　 ＜　　　 小于；
＞＝　　 大于等于　 ；　　　　　 ＜＝　　 小于等于；
＝＝　　 等于　　　 ；　　　　　 ！＝　　 不等于。

关系运算符用于比较两个数的大小，用关系运算符将两个表达式连接起来形成的式子称为关系表达式。关系表达式通常用来作为判别条件构造分支或循环程序。关系表达式的一般形式如下：

表达式1　关系运算符　表达式2

关系运算的结果为逻辑量，成立为真（1），不成立为假（0）。其结果可以作为一个逻辑量参与逻辑运算。例如：5＞3，结果为真（1），而 10＝＝100，结果为假（0）。

注意：关系运算符等于"＝＝"，赋值运算符是由两个"＝"组成。

④ 逻辑运算符：C51 逻辑运算符为

‖　　　 逻辑或；　　&& 逻辑与；！　　　　 逻辑非。

逻辑运算符用于求条件式的逻辑值，用逻辑运算符将关系表达式或逻辑量连接起来的式子就是逻辑表达式。

· 逻辑与，格式：

条件式 1 && 条件式 2

当条件式 1 与条件式 2 都为真时结果为真（非 0 值），否则为假（0 值）。

· 逻辑或，格式：

条件式 1 ‖ 条件式 2

当条件式 1 与条件式 2 都为假时结果为假（0 值），否则为真（非 0 值）。

· 逻辑非，格式：

！条件式

当条件式原来为真（非 0 值），逻辑非后结果为假（0 值）；
条件式原来为假（0 值），逻辑非后结果为真（非 0 值）。

例如：若 a＝8，b＝3，c＝0，则！a 为假，a && b 为真，b && c 为假。

⑤ 位运算符：C51 语言能对运算对象按位进行操作，它与汇编语言使用一样方便。位运算是按位对变量进行运算，但并不改变参与运算的变量的值。如果要求按位改变变量的值，则要利用相应的赋值运算。C51 中位运算符只能对整数进行操作，不能对浮点数进行操作。C51 中的位运算符有：& 按位与； | 按位或； ˆ 按位异或； ～ 按位取反；≪ 左移；≫ 右移。

例 31： 设 $a＝0x45＝01010100B$，$b＝0x3b＝00111011B$，则 a&b、a｜b、aˆb、～a、a≪2、b≫2 分别为多少？

解： $a\&b＝00010000b＝0x10$

$a｜b＝01111111B＝0x7f$

$aˆb＝01101111B＝0x6f$

$\sim a＝10101011B＝0xab$

$a<<2＝01010000B＝0x50$

$b>>2＝00001110B＝0x0e$

⑥ 复合赋值运算符：C51 语言中支持在赋值运算符"＝"的前面加上其他运算符，组成复合赋值运算符。下面是 C51 中支持的复合赋值运算符。

＋＝加法赋值 ;	～＝ 逻辑非赋值；	&＝ 逻辑与赋值；
＊＝乘法赋值 ;	<<＝ 左移位赋值；	ˆ＝ 逻辑异或赋值；
％＝取模赋值 ;	＋ 减法赋值；	>>＝ 右移位赋值；
｜＝ 逻辑或赋值 ;	/＝ 除法赋值 ;	

复合赋值运算的一般格式如下：变量复合运算赋值符表达式处理过程为：先把变量与后面的表达式进行某种运算，然后将运算的结果赋给前面的变量。其实这是 C51 语言中简化程序的一种方法，大多数二目运算都可以用复合赋值运算符简化表示。例如：a＋＝6 相当于 a＝a＋6；a＊＝5 相当于 a＝a＊5；b&＝0x55 相当于 b＝b&0x55；x≫＝2 相当于 x＝x≫2。

⑦ 逗号运算符：在 C51 语言中，逗号","是一个特殊的运算符，可以用它将两个或两个以上的表达式连接起来，称为逗号表达式。逗号表达式的一般格式为：表达式 1，表达式 2，……，表达式 n 程序执行时对逗号表达式的处理：按从左至右的顺序依次计算出各个表达式的值，而整个逗号表达式的值是最右边的表达式（表达式 n）的值。例如：x＝(a＝3，6＊3) 结果 x 的值为 18。

⑧ 条件运算符：条件运算符"?:"是 C51 语言中唯一的一个三目运算符，它要求有三个运算对象，用它可以将三个表达式连接在一起构成一个条件表达式。条件表达式的一般格式为：

逻辑表达式？表达式 1:表达式 2

其功能是先计算逻辑表达式的值：

当逻辑表达式的值为真（非 0 值）时，将计算的表达式 1 的值作为整个条件表达式的值；当逻辑表达式的值为假（0 值）时，将计算的表达式 2 的值作为整个条件表达式的值。

例如：条件表达式 max＝(a＞b)? a：b 的执行结果是将 a 和 b 中较大的数赋值给变量 max。

⑨ 指针与地址运算符：为了表示指针变量和它所指向的变量地址之间的关系，C51 中提供了两个专门的运算符：＊指针运算符和 & 取地址运算符。

a. 指针运算符"＊"：通过它实现访问以指针变量的内容为地址所指向的存储单元。

例如：指针变量 p 中的地址为 2000H，则 ＊p 所访问的是地址为 2000H 的存储单元，

x＝＊p，实现把地址为 2000H 的存储单元的内容送给变量 x。

b. 取地址运算符"＆"：通过它取得变量的地址，变量的地址通常送给指针变量。

例如：设变量 x 的内容为 12H，地址为 2000H，则＆x 的值为 2000H，如有一指针变量 p，则通常用 p＝＆x，实现将 x 变量的地址送给指针变量 p，指针变量 p 指向变量 x，以后可以通过＊p 访问变量 x。

⑩ 表达式语句：在表达式的后边加一个分号"；"就构成了表达式语句，如：

```
a＝＋＋b＊9;
x＝8;y＝7;
＋＋k;
```

可以一行放一个表达式形成表达式语句，也可以一行放多个表达式形成表达式语句，这时每个表达式后面都必须带"；"号。

另外，还可以仅由一个分号"；"占一行形成一个表达式语句，这种语句称为空语句。

空语句在程序设计中通常用于两种情况：

a. 在程序中为有关语句提供标号，用以标记程序执行的位置。例如采用下面的语句可以构成一个循环。

```
repeat:;
    goto   repeat;
```

b. 在用 while 语句构成的循环语句后面加一个分号，形成一个不执行其他操作的空循环体。这种结构通常用于对某位进行判断，当不满足条件则等待，满足条件则执行。

例 32：下面这段子程序用于读取 51 单片机的串行口的数据，当没有接收到则等待，当接收到，接收数据后返回，返回值为接收的数据。

```
#include  <reg51.h>
char   getchar()
{
char   c;
while(!RI);    //当接收中断标志位 RI 为 0,则等待,当接收中断标志位为 1 则;等待结束
c＝SBUF;
RI＝0;
return(c);
}
```

⑪ 复合语句：复合语句是由若干条语句组合而成的一种语句，在 C51 中，用一个大括号"{ }"将若干条语句括在一起就形成了一个复合语句。复合语句最后不需要以分号"；"结束，但它内部的各条语句仍需以分号"；"结束。

复合语句的一般形式为：

```
{
局部变量定义;
语句1;
语句2;
}
```

复合语句在执行时，其中的各条单语句按顺序依次执行，整个复合语句在语法上等价于

一条单语句，因此在 C51 中可以将复合语句视为一条单语句。

通常复合语句出现在函数中，实际上，函数的执行部分（即函数体）就是一个复合语句；

复合语句中的单语句一般是可执行语句，此外还可以是变量的定义语句（说明变量的数据类型）。

在复合语句内部语句所定义的变量，称为该复合语句中的局部变量，它仅在当前这个复合语句中有效。

利用复合语句将多条单语句组合在一起，以及在复合语句中进行局部变量定义是 C51 语言的一个重要特征。

7. C51 程序基本结构与相关语句

（1）C51 的基本结构

① 顺序结构：是最基本、最简单的结构，在这种结构中，程序由低地址到高地址依次执行如图 2-8 所示。

② 选择结构：在 C51 中，实现选择结构的语句为 if/else，if/else if 语句。另外在 C51 中还支持多分支结构，多分支结构既可以通过 if 和 else if 语句嵌套实现，可用 swith/case 语句实现如图 2-9 所示。

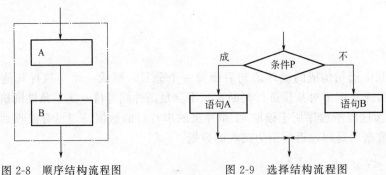

图 2-8　顺序结构流程图　　　　图 2-9　选择结构流程图

③ 循环结构：在程序处理过程中，有时需要某一段程序重复执行多次，这时就需要循环结构来实现，循环结构就是能够使程序段重复执行的结构。循环结构又分为两种：当（while）型循环结构和直到（do...while）型循环结构。

a. 当型循环结构：当型循环结构如图 2-10 所示，当条件 P 成立（为"真"）时，重复执行语句 A，当条件不成立（为"假"）时才停止重复，执行后面的程序。

b. 直到型循环结构：直到型循环结构如图 2-11 所示，先执行语句 A，再判断条件 P，当条件成立（为"真"）时，再重复执行语句 A，直到条件不成立（为"假"）时才停止重复，执行后面的程序。

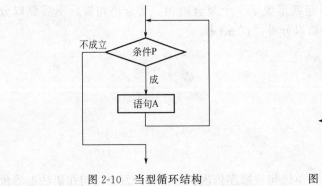

图 2-10　当型循环结构　　　　图 2-11　直到型循环结构

（2）相关语句

① if 语句：if 语句是 C51 中的一个基本条件选择语句，它通常有三种格式。

a. if（表达式）{语句；}

b. if（表达式）{语句 1；}　　else　　{语句 2；}

c. if（表达式 1）{语句 1；}

　　else if（表达式 2）（语句 2；）

　　else　if（表达式 3）（语句 3；）

　　…　　　　　　…

　　else　if（表达式 n−1）（语句 n−1；）

　　else　{语句 n}

例 33：if 语句的用法。

a. if　（x! ＝y）　P1.0＝y；

执行上面语句时，如果 x 不等于 y，则把 y 的值送给端口 P1.0。

b. if　（x＞y）　max＝x；

　else　max＝y；

执行上面语句时，如 x 大于 y 成立，则把 x 送给最大值变量 max，如 x 大于 y 不成立，则把 y 送给最大值变量 max。使 max 变量得到 x、y 中的大数。

c. if　（score＞＝90）　printf（"Your result is an A\n"）；

　　else　if　（score＞＝80）　printf（"Your result is an B\n"）；

　　else　if　（score＞＝70）　printf（"Your result is an C\n"）；

　　else　if　（score＞＝60）　printf（"Your result is an D\n"）；

　　else　printf（"Your result is an E\n"）；

执行上面语句后，能够根据分数 score 分别打出 A、B、C、D、E 五个等级。

② switch/case 语句：if 语句通过嵌套可以实现多分支结构，但结构复杂。switch 是 C51 中提供的专门处理多分支结构的多分支选择语句。它的格式如下。

```
switch(表达式)
{
case 常量表达式 1：{语句 1；}break；
case 常量表达式 2：{语句 2；}break；
……
case 常量表达式 n：{语句 n；}break；
default：{语句 n+1；
}
```

说明如下：

switch 后面括号内的表达式，可以是整型或字符型表达式。当该表达式的值与某一"case"后面的常量表达式的值相等时，就执行该"case"后面的语句，然后遇到 break 语句退出 switch 语句。若表达式的值与所有 case 后的常量表达式的值都不相同，则执行 default 后面的语句，然后退出 switch 结构。每一个 case 常量表达式的值必须不同，否则会出现自相矛盾的现象。

case 语句和 default 语句的出现次序对执行过程没有影响。每个 case 语句后面可以有"break"，也可以没有。有 break 语句，执行到 break 则退出 switch 结构，若没有，则会顺次执行后面的语句,直到遇到 break 或结束。

每一个 case 语句后面可以带一个语句,也可以带多个语句,还可以不带。语句可以用花括号括起,也可以不括。多个 case 可以共用一组执行语句。

例 34:switch/case 语句的用法。

对学生成绩划分为 A～D,对应不同的百分制分数,要求根据不同的等级打印出它的对应百分数。可以通过下面的 switch/case 语句实现。

```
……
switch(grade)
{
case'A';printf("90～100\n");break;
case'B';printf("80～90\n");break;
case'C';printf("70～80\n");break;
case'D';printf("60～70\n");break;
case'E';printf("<60\n");break;
default;printf("error"\n)
}
```

③ while 语句:while 语句在 C51 中用于实现当型循环结构,格式如下。

```
while(表达式)
   {语句;}   /*循环体*/
```

while 语句后面的表达式是能否循环的条件,后面的语句是循环体。当表达式为非 0(真)时,就重复执行循环体内的语句;当表达式为 0(假),则中止 while 循环,程序将执行循环结构之外的下一条语句。

特点:先判断条件,后执行循环体。在循环体中对条件进行改变,然后再判断条件,如条件成立,则再执行循环体,如条件不成立,则退出循环。如条件第一次就不成立,则循环体一次也不执行。

例 35:通过 while 语句实现计算并输出 1～100 的累加和。

```
#include  <reg52.h>    //包含特殊功能寄存器库。
#include  <stdio.h>    //包含 I/O 函数库。
void main(void)        //主函数。
{
int  i,s=0;            //定义整型变量 x 和 y。
i=1;
SCON=0x52;            //串口初始化。
TMOD=0x20;
TH1=0XF3;
TR1=1;
while  (i<=100)        //累加 1～100 之和在 s 中。
{
s=s+i;
i++;
}
printf("1+2+3……+100=%d\n",s);
while(1);
```

}

程序执行的结果：

1＋2＋3……＋100＝5050

④ do while 语句：do while 语句在 C51 中用于实现直到型循环结构，它的格式如下。

```
do
    {语句;}              /*循环体*/
while(表达式);
```

先执行循环体中的语句，后判断表达式。如表达式成立（真），则再执行循环体，然后又判断，直到有表达式不成立（假）时，退出循环，执行 do while 结构的下一条语句。do while 语句在执行时，循环体内的语句至少会被执行一次。

例 36：通过 do while 语句实现计算并输出 1～100 的累加和。

```
#include  <reg52.h>          //包含特殊功能寄存器库。
#include  <stdio.h>          //包含 I/O 函数库。
void main(void)             //主函数。
{
int  i,s＝0;                //定义整型变量 x 和 y。
i＝1;
SCON＝0x52;                 //串口初始化。
TMOD＝0x20;
TH1＝0XF3;
TR1＝1;
do                         //累加 1～100 之和在 s 中。
{
s＝s＋i;
i＋＋;
}
while  (i<＝100);
printf("1＋2＋3……＋100＝%d\n",s);
while(1);
}
```

⑤ for 语句：for 语句格式如下。

```
for(表达式1;表达式2;表达式3)
{语句;}              /*循环体*/
```

for 语句后面带三个表达式，它的执行过程如下：

a. 先求解表达式 1 的值。

b. 求解表达式 2 的值，如表达式 2 的值为真，则执行循环体中的语句，然后执行下一步 e. 的操作，如表达式 2 的值为假，则结束 for 循环，转到最后一步。

c. 求解表达式 3。

d. 转到 b. 继续执行。

e. 退出 for 循环，执行 for 的下一条语句。

在 for 循环中，一般表达式 1 为初值表达式，用于给循环变量赋初值；表达式 2 为条件表达式，对循环变量进行判断；表达式 3 为循环变量更新表达式，用于对循环变量的值进行更新，使循环变量能不满足条件而退出循环。

例 37：用 for 语句实现计算并输出 1～100 的累加和。

```
# include  <reg52.h>          //包含特殊功能寄存器库。
# include  <stdio.h>          //包含 I/O 函数库。
void main(void)              //主函数。
{
int  i,s=0;                  //定义整型变量 x 和 y。
SCON=0x52;                   //串口初始化。
TMOD=0x20;
TH1=0XF3;
TR1=1;
for (i=1;i<=100;i++) s=s+i;  //累加 1～100 之和在 s 中。
printf("1+2+3……+100=%d\n",s);
while(1);
}
```

⑥ 循环的嵌套

在一个循环的循环体中允许又包含一个完整的循环结构，这种结构称为循环的嵌套。

外面的循环称为外循环，里面的循环称为内循环，如果在内循环的循环体内又包含循环结构，就构成了多重循环。在 C51 中，允许三种循环结构相互嵌套。

例 38：用嵌套结构构造一个延时程序。

```
void   delay(unsigned  int  x)
{
unsigned   char j;
while(x——)
{for (j=0;j<125;j++);}
}
```

这里，用内循环构造一个基准的延时，调用时通过参数设置外循环的次数，这样就可以形成各种延时关系。

⑦ break 和 continue 语句：break 和 continue 语句通常用于循环结构中，用来跳出循环结构。但是二者又有所不同，下面分别介绍。

a. break 语句：前面已介绍过用 break 语句可以跳出 switch 结构，使程序继续执行 switch 结构后面的一个语句。使用 break 语句还可以从循环体中跳出循环，提前结束循环而接着执行循环结构下面的语句。它不能用在除了循环语句和 switch 语句之外的任何其他语句中。

【例】 下面一段程序用于计算圆的面积，当计算到面积大于 100 时，由 break 语句跳出循环。

```
for (r=1;r<=10;r++)
{
area=pi * r * r;
if (area>100) break;
```

```
printf("%f\n",area);
}
```

b. continue 语句：continue 语句用在循环结构中，用于结束本次循环，跳过循环体中 continue 下面尚未执行的语句，直接进行下一次是否执行循环的判定。

continue 语句和 break 语句的区别在于：continue 语句只是结束本次循环而不是终止整个循环；break 语句则是结束循环，不再进行条件判断。

例 39：输出 100～200 间不能被 3 整除的数。

```
for (i=100;i<=200;i++)
{
if  (i%3==0)  continue;
printf("%d  ";i);
}
```

在程序中，当 i 能被 3 整除时，执行 continue 语句，结束本次循环，跳过 printf () 函数，只有能被 3 整除时才执行 printf () 函数。

⑧ return 语句

return 语句一般放在函数的最后位置，用于终止函数的执行，并控制程序返回调用该函数时所处的位置。返回时还可以通过 return 语句带回返回值。

return 语句格式有两种：return 和 return（表达式）。

如果 return 语句后面带有表达式，则要计算表达式的值，并将表达式的值作为函数的返回值。若不带表达式，则函数返回时将返回一个不确定的值。通常我们用 return 语句把调用函数取得的值返回给主调用函数。

8. 函数

（1）函数定义的一般格式

```
函数类型    函数名(形式参数表)  [return][interrupt  m][using  n]
形式参数说明
{
     局部变量定义
     函数体
}
```

前面部件称为函数的首部，后面称为函数的尾部。

① 函数类型：函数类型说明了函数返回值的类型。

② 函数名：函数名是用户为自定义函数取的名字以便调用函数时使用。

③ 形式参数表：形式参数表用于列录在主调函数与被调用函数之间进行数据传递的形式参数。

例 40：定义一个返回两个整数的最大值的函数 max ()。

```
int   max(x,y)
int   x,y;
{
int   z;
z=x>y? x:y;
return(z);
```

        ｝

　　return 这个修饰符用于把函数定义为可重入函数。所谓可重入函数就是允许被递归调用的函数。

　　函数的递归调用是指当一个函数正被调用尚未返回时，又直接或间接调用函数本身。一般的函数不能做到这样，只有重入函数才允许递归调用。

　　interrupt m 是 C51 函数中非常重要的一个修饰符，这是因为中断函数必须通过它进行修饰。在 C51 程序设计中，当函数定义时用了 interrupt m 修饰符，系统编译时把对应函数转化为中断函数，自动加上程序头段和尾段，并按 MCS-51 系统中断的处理方式自动把它安排在程序存储器中的相应位置。

　　在该修饰符中，m 的取值为 0~31，对应的中断情况如下：

编号	中断源	入口地址
0	外部中断 0	0003H
1	定时器/计数器 0	000BH
2	外部中断 1	0013H
3	定时器/计数器 1	001BH
4	串行口中断	0023H

　　其他值预留。

　　编写 MCS-51 中断函数注意如下：

　　中断函数不能进行参数传递，如果中断函数中包含任何参数声明都将导致编译出错。

　　中断函数没有返回值，如果企图定义一个返回值将得不到正确的结果，建议在定义中断函数时将其定义为 void 类型，以明确说明没有返回值。

　　在任何情况下都不能直接调用中断函数，否则会产生编译错误。因为中断函数的返回是由 8051 单片机的 RETI 指令完成的，RETI 指令影响 8051 单片机的硬件中断系统。如果在没有实际中断情况下直接调用中断函数，RETI 指令的操作结果会产生一个致命的错误。

　　如果在中断函数中调用了其他函数，则被调用函数所使用的寄存器必须与中断函数相同。否则会产生不正确的结果。

　　C51 编译器对中断函数编译时会自动在程序开始和结束处加上相应的内容，具体如下：在程序开始处对 ACC、B、DPH、DPL 和 PSW 入栈，结束时出栈。中断函数未加 using n 修饰符的，开始时还要将 R0~R1 入栈，结束时出栈。如中断函数加 using n 修饰符，则在开始将 PSW 入栈后还要修改 PSW 中的工作寄存器组选择位。

　　C51 编译器从绝对地址 8m+3 处产生一个中断向量，其中 m 为中断号，也即 interrupt 后面的数字。该向量包含一个到中断函数入口地址的绝对跳转。

　　中断函数最好写在文件的尾部，并且禁止使用 extern 存储类型说明。防止其他程序调用。

例 41：编写一个用于统计外中断 0 的中断次数的中断服务程序。

```
extern   int   x;
void   int0()   interrupt 0   using 1
{
   x++;
}
```

修饰符 using   n 用于指定本函数内部使用的工作寄存器组，其中 n 的取值为 0～3，表示寄存器组号。

（2）函数的调用与声明

① 函数调用的一般形式

函数名(实参列表);

对于有参数的函数调用，若实参列表包含多个实参，则各个实参之间用逗号隔开。

按照函数调用在主调函数中出现的位置，函数调用方式有三种。

a. 函数语句。把被调用函数作为主调用函数的一个语句。

b. 函数表达式。函数被放在一个表达式中，以一个运算对象的方式出现。这时的被调用函数要求带有返回语句，以返回一个明确的数值参加表达式的运算。

c. 函数参数。被调用函数作为另一个函数的参数。

② 自定义函数的声明：在 C51 中，函数原型一般形式如下：

[extern]函数类型   函数名(形式参数表);

函数的声明是把函数的名字、函数类型以及形参的类型、个数和顺序通知编译系统，以便调用函数时系统进行对照检查。函数的声明后面要加分号。

如果声明的函数在文件内部，则声明时不用 extern；如果声明的函数不在文件内部，而在另一个文件中，声明时须带 extern，指明使用的函数在另一个文件中。

例 42：函数的使用。

```
#include   <reg52.h>              //包含特殊功能寄存器库。
#include   <stdio.h>             //包含 I/O 函数库。
int   max(int   x,int   y);        //对 max 函数进行声明。
void  main(void)                 //主函数。
{
int   a,b;
SCON=0x52;                      //串口初始化。
TMOD=0x20;
TH1=0XF3;
TR1=1;
scanf("please input a,b:%d,%d",&a,&b);
printf("\n");
printf("max is:%d\n",max(a,b));
while(1);
}
int   max(int   x,int   y);        //调用了 max()函数。
{int   z;
```

```
z=(x>=y? x:y);
return(z);
}
```

例 43： 外部函数的使用。

```
程序 serial_initial. c
#include  <reg52. h>              //包含特殊功能寄存器库。
#include<stdio. h>               //包含 I/O 函数库。
void serial_initial(void)        //主函数。
{
SCON=0x52;                      //串口初始化。
TMOD=0x20;
TH1=0XF3;
TR1=1;
}
程序 y1. c
#include  <reg52. h>              //包含特殊功能寄存器库。
#include  <stdio. h>             //包含 I/O 函数库。
extern   serial_initial();       //外部函数。
void    main(void)
{
int    a,b;
serial_initial();
scanf("please input a,b:%d,%d",&a,&b);
printf("\n");
printf("max is:%d\n",a>=b? a:b);
while(1);
}
```

（3）函数的嵌套

函数的嵌套是指在一个函数的调用过程中调用另一个函数。C51 编译器通常依靠堆栈来进行参数传递，堆栈设在片内 RAM 中，而片内 RAM 的空间有限，因而嵌套的深度比较有限，一般在几层以内。如果层数过多，就会导致堆栈空间不够而出错。

例 44： 从左到右的流水灯，单片机仿真电路图见图 2-12。

```
/*名称:从左到右的流水灯
*/说明:接在 P0 口的 8 个 LED 从左到右循环依次点亮,产生走马灯效果。
#include<reg51. h>
#include<intrins. h>
#define uchar unsigned char
#define uint unsigned int
//延时
void DelayMS(uint x)
{
    uchar i;
    while(x——)
    {
```

```
            for(i=0;i<120;i++);
        }
    }
//主程序。
void main()
{
        P0=0xfe;
        while(1)
        {
            P0=_crol_(P0,1);//P0 的值向左循环移动。
            DelayMS(150);//调用了延时子函数。
        }
    }
```

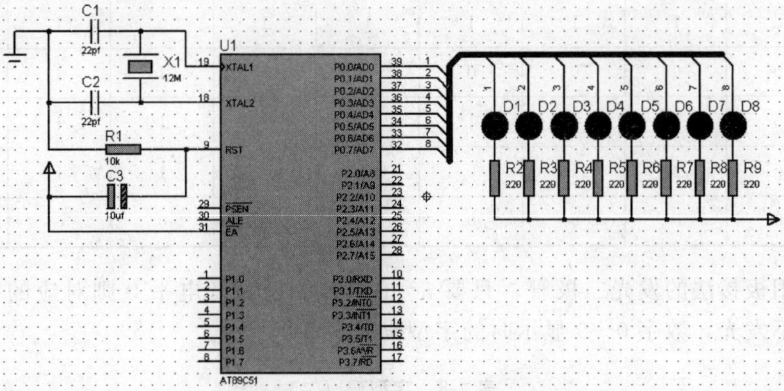

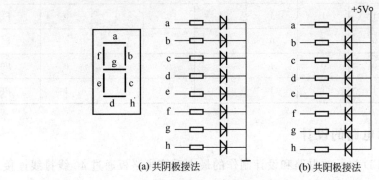

图 2-12 单片机仿真电路图

任务二 一位 LED 显示电路的设计与调试

　　七段码 LED 显示电路分为共阴极和共阳极两种形式，通过本任务了解共阴极和共阳极两种电路的接法和其对应的字型码形式。

一、七段码 LED 显示原理

　　LED 显示块是用发光二极管显示字段，单片机应用系统常用的是七段 LED，如图 2-13 所示，它有共阴极和共阳极两种接法。

(a) 共阴极接法　　　　　(b) 共阳极接法

图 2-13 七段 LED 显示原理图

对于共阴极接法的发光二极管，只要 a～f 中哪一位为高电平 1 则对应的字段就发光，如果为 0 则不发光，数字 0～9 显示时的字型码如表 2-7 所示。

表 2-7　字型码（一）

数字	h	g	f	e	d	c	b	a	字型码
0	0	0	1	1	1	1	1	1	3FH
1	0	0	0	0	0	1	1	0	06H
2	0	1	0	1	1	0	1	1	5BH
3	0	1	0	0	1	1	1	1	4FH
4	0	1	1	0	0	1	1	0	66H
5	0	1	1	0	1	1	0	1	6DH
6	0	1	1	1	1	1	0	1	7DH
7	0	0	0	0	0	1	1	1	07H
8	0	1	1	1	1	1	1	1	7FH
9	0	1	1	0	1	1	1	1	6FH
全灭	0	0	0	0	0	0	0	0	FFH

对于共阳极接法的发光二极管，只要 a～f 中哪一位为低电平 0 则对应的字段就发光，如果为 1 则不发光，数字 0～9 显示时的字型码如表 2-8 所示。

表 2-8　字型码（二）

数字	h	g	f	e	d	c	b	a	字型码
0	1	1	0	0	0	0	0	0	C0H
1	1	1	1	1	1	0	0	1	F9H
2	1	0	1	0	0	1	0	0	A4H
3	1	0	1	1	0	0	0	0	B0H
4	1	0	0	1	1	0	0	1	99H
5	1	0	0	1	0	0	1	0	92H
6	1	0	0	0	0	0	1	0	82H
7	1	1	1	1	1	0	0	0	F8H
8	1	0	0	0	0	0	0	0	80H
9	1	0	0	1	0	0	0	0	90H
全灭	1	1	1	1	1	1	1	1	FFH

二、　LED 显示电路的设计

设计一个一位 LED 显示的电路和设计制作的最小系统线路板通过 40 线排线连接，并且编写程序实现从数字 0～9 进行循环显示，显示时间间隔为 1s。

首先设计 LED 的显示电路如图 2-14 所示，电路采用共阳极七段码显示。将电路制作成线路板如图 2-15 所示。

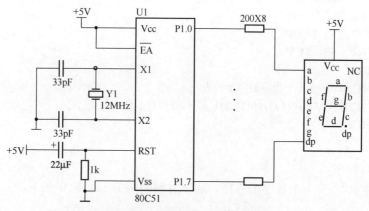

图 2-14　LED 的显示电路设计

图 2-15　LED 显示目标板

三、编写 LED 程序

1. 汇编程序

编写循环显示 0～9 十个数字的程序，显示时间间隔为 1s，程序如下：

```
        ORG    0000H
        LJMP   MAIN
        ORG    0050H
MAIN:MOV    R2,＃00H;(R2)＝00H
        MOV    DPTR,＃TAB;(DPTR)＝TAB＝006FH,将字形表的首地址送给 DPTR。
DSUP:MOV    A,R2;(A)＝(R2)＝00H
        MOVC   A,@A＋DPTR;(A)＝(0070H)＝F9H
        MOV    P1,A;(P1)＝(A)＝F9H
        LCALL   DELY1S;延时 1s。
        INC   R2;(R2)＝02H,为显示下一个数字做准备。
        CJNE    R2,＃0AH,DSUP;(R2)≠10,跳转到 DSUP,判断 10 个数字是否显示完。
        AJMP   MAIN;跳转到 MAIN,重新开始显示数字 0。
```

```
DELY1S:MOV    R3,#0AH;延时 1s 的子程序。
LOOP0:MOV     R4,#0C8H
LOOP1:MOV     R5,#0FAH
LOOP2:DJNZ    R5,LOOP2
      DJNZ    R4,LOOP1
      DJNZ    R3,LOOP0
      RET
TAB:DB    0C0H;0~9 十个数字的字型码表
    DB    0F9H,0A4H,0B0H,99H,92H,82H,0F8H
    DB 80H,90H
END
```

2. C51 语言程序

编写循环显示 0~9 十个数字的程序，显示时间间隔为 1s，程序如下：

```c
#include<reg51.h>
#define uchar unsigned char
#define uint unsigned int
uchar code dis_code[]={0xc0,0xf9,0xa4,0xb0,0x99,0x92,0x82,0xf8,0x80,0x90};
void delayms(uint t)
{
  uchar  i;
while(t--)for(i=0;i<120;i++);
}
void main()
{
    uchar i;
    P1=0xff;
  while(1)
  {
  for(i=0;i<=9;i++)
  {
    P1=dis_code[i];
  delayms(1000);
    }
  }
}
```

四、 程序调试与仿真

1. 用 Keil 软件编写和编译汇编语言程序（如图 2-16 所示）

编译生成了 LED. hex 文件，通过 Proteus 软件用于下载到单片机仿真运行如图 2-17 所示。

2. 用 Keil 软件编写和编译 C51 语言程序（如图 2-18 所示）

编译生成了 1 个 LED. hex 文件通过 Proteus 软件用于下载到单片机仿真运行如图 2-19 所示。

3. 用虚拟开发工具 Proteus 软件仿真

（1）在 Proteus 软件中绘制电路如图 2-20 所示。

图 2-16　用 Keil 软件编写的汇编语言程序

（2）将 Keil 软件编写的程序，转换为 *.hex 文件，与 Proteus 软件进行联调，将程序添加到 AT89C52 单片机中，运行如图所示 2-21 所示。

4. 单片机硬件运行

将单片机的最小系统线路板和一位 LED 显示线路板用 40 线排线连接，将最小系统的程序写入线和 PC 机的串口连接，并且将最小系统的电源线插入 PC 机的 USB 口，使用 Easy 51Pro 软件将编译后的目标代码程序，即机器码程序写入到单片机的最小系统中。如图 2-22 所示。

将程序写入到最小系统后，将程序写入的数据线取下，则程序自动运行，就可以看到数字从 0 到

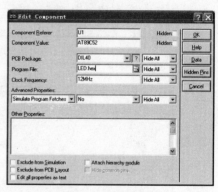

图 2-17　仿真运行

图 2-18　用 Keil 软件编写的 C51 语言程序

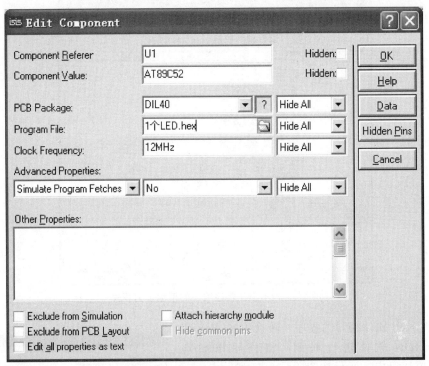

图 2-19　仿真运行

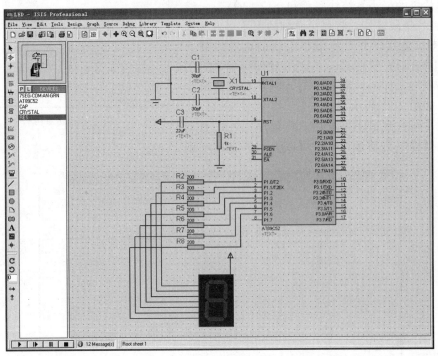

图 2-20　绘制电路

9 显示后全灭，再从 9 显示到 0，再全灭从 0 显示到 9，如此循环下去，时间间隔为 1s。如图 2-23 所示。

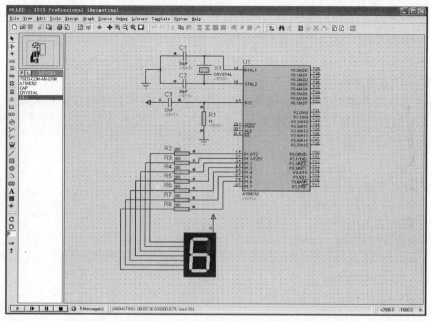

图 2-21　将程序添加到单片机

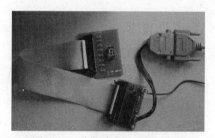

图 2-22　将程序写入到单片机

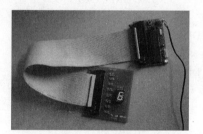

图 2-23　显示结果

任务三　多位 LED 显示

一、多位 LED 显示的方法

在进行多位 LED 显示时，为了节省 I/O 口，简化电路，一般都采用动态显示的七段 LED 方式，例如设计一个 8 位的数码管显示系统，可以将 8 个 LED 电路的各个段选线相应 的并联在一起，由一个 8 位的 I/O 口控制，形成段选线的多路复用。而各 LED 电路的共阴 极或共阳极分别由相应的 I/O 口线控制，实现各位的分时选通。将 8 个七段码 LED 电路的 段选线并联占用一个 8 位 I/O 口 P0 口，而位选线每个七段码 LED 电路占用一位，即占用 了一个 8 位 I/O 口 P1 口。由于各个电路的段选线并联，段选码的输出对于各个位来说都是 相同的，如果要让 8 个 LED 电路显示不同的数字，则需要每一时刻只能让一个位选线处于 选通状态，而其他位处于关闭状态，在下一时刻，再让下一个位选线处于选通状态，其他的 关闭，如此动态扫描下去，虽然这些字符不是在同时刻出现的，而且在同一时刻只有一个在 显示，其他的熄灭，但是由于人眼的视觉暂留和发光二极管熄灭时的余晖，只要每位显示间 隔足够短，看起来就是多位同时亮的假象。

二、动态显示的软件设计

1. 设计要点

① 代码转换：直接驱动 7 段 LED 发光的是段码，而我们习惯的是字符 0、1、2、…9 等，因此软件中必须将待显示的字符转换成段码。

② 每次只能输出同样的段码，因此要使某管亮，必须用软件保证逐位轮流点亮并适当延时，给人的眼睛产生持续发光的效果。

2. 八位 LED 显示程序

```
        ORG       0000H
MAIN：MOV   R2，#00H
SSS：  MOV   DPTR，#TAB
       MOV   A，R2
       MOVC  A，@A+DPTR
       MOV   R0，A
       MOV   R6，#40H
XSH1：LCALL  DISP1
       DJNZ  R6，XSH1
       INC   R2
       CJNE  R2，#0AH，SSS
       AJMP  MAIN
DISP1：MOV   R5，#08H
       MOV   R1，#0FEH
DIS00：MOV   DPTR，#7FFFH
       MOV   A，R0
       MOVX@DPTR，A
       MOV   A，R1
       MOV   P1，A
       LCALL  DELAY
       RL    A
       MOV   R1，A
       DJNZ  R5，DIS00
       RET
DELAYMOV   R3，#08H
LOOP：MOV   R4，#0A0H
       DJNZ  R4，$
       DJNZ  R3，LOOP
       RET
TAB：  DB   0C0H，0F9H，0A4H，0B0H，99H
       DB   92H，82H，0F8H，80H，90H
       END
```

3. 程序调试与仿真

（1）用 Keil 软件编写和编译汇编语言程序（如图 2-24 所示）

编译生成了 led8.hex 文件，通过 Proteus 软件用于下载到单片机仿真运行如图 2-25 所示。

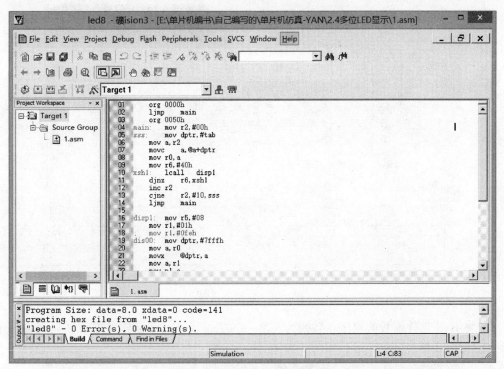

图 2-24　程序

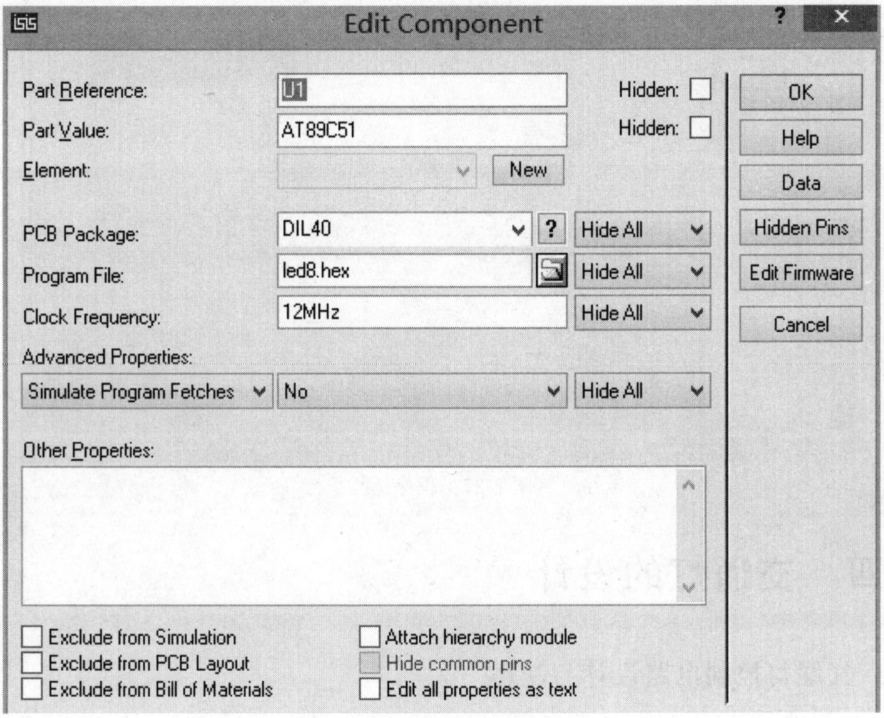

图 2-25　仿真运行

（2）用虚拟开发工具 Proteus 软件仿真

① 在 Proteus 软件中绘制电路如图 2-26 所示。

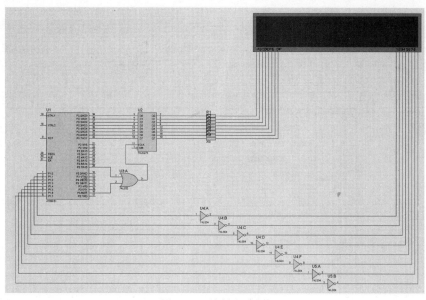

图 2-26　绘制电路图

② 将 Keil 软件编写的程序，转换为 ＊.hex 文件，与 Proteus 软件进行联调，将程序添加到 AT89C52 单片机中，运行如图 2-27 所示。

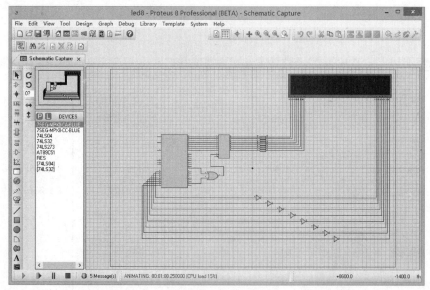

图 2-27　程序运行

任务四　交通灯的设计

一、红绿灯控制电路设计与制作

在红绿灯控制电路中要求能够控制十字路口南北和东西方向的红、绿、黄交通灯的运行。其中南北两个方向交通灯的控制规律相同，东西两个方向交通灯的控制规律相同，所以将南北方向同颜色的交通灯用单片机的一个控制点控制即可，同理东西方向同颜色的交通灯也用单片机的一个控制点控制，因此只需要单片机的六个控制点就可以实现红绿灯的控制。十字路口交通灯的状态如图 2-28 所示。

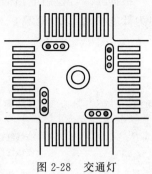

图 2-28　交通灯

　　红绿灯控制电路设计采用 6 个 LED 灯模拟十字路口的交通灯控制，分别为：主线（东西方向）红、绿、黄三个灯，支线（南北方向）有红、绿、黄三个灯。六个 LED 灯采用共阳极接法，并且每个 LED 灯接 200Ω 的限流电阻。将红绿灯控制电路的各 LED 灯阴极分别与最小系统的并行接口 P1 口的 P1.0、P1.1、P1.2、P1.3、P1.4 和 P1.5 连接，当哪一个控制点为低电平时对应的 LED 灯亮，于是通过控制 P1 口相应位的状态，就可以控制红绿灯的亮灭了。其设计电路如图 2-29 所示，将电路制作成 PCB 板将元器件焊接到线路板上，就形成了红绿灯控制电路的目标板。

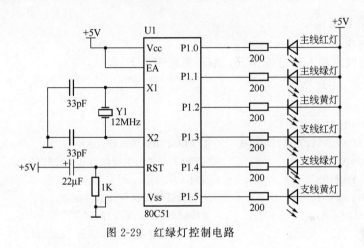

图 2-29　红绿灯控制电路

二、红绿灯控制电路的程序设计

1. 红绿灯控制要求

红绿灯控制电路的控制可以分为四个状态。

（1）主线绿灯亮 10s，支线红灯亮 10s。

（2）主线黄灯闪 3s，支线红灯亮 3s。

（3）主线红灯亮 6s，支线绿灯亮 6s。

（4）主线红灯亮 3s，支线黄灯闪 3s。

2. 红绿灯控制的 I/O 分配

P1 口用于交通灯的控制

P1.0：主线红灯

P1.1：主线绿灯

P1.2：主线黄灯

P1.3：支线红灯

P1.4：支线绿灯

P1.5：支线黄灯

3. 红绿灯控制的时序图

根据红绿灯控制电路的要求可以画出时序图，如图 2-30 所示。在图中对应的 I/O 点输出为低电平时 LED 灯亮，对应为高电平时 LED 灯灭。

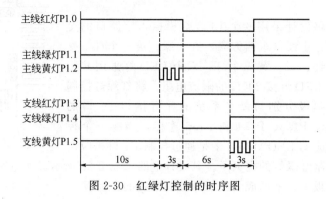

图 2-30　红绿灯控制的时序图

4. 红绿灯控制程序

（1）汇编程序

根据控制要求和 I/O 分配情况，编写源程序如下：

```
ORG    0000H
LJMP START
ORG    0100H
START:MOV    A,#11110101B      ;主线绿灯和支线红灯,(A)=F5H。
      MOV    P1,A               ;送到 P1 口显示主线绿灯和支线红灯亮。
      LCALL  YSH10S             ;延时 10s。
      MOV    R2,#03H            ;主线黄灯闪烁次数计数器赋值。
HUA1:MOV    A,#11110111B        ;主线绿灯灭,支线红灯亮。
      MOV    P1,A               ;送到 P1 口显示主线绿灯灭,支线红灯亮。
      LCALL  YSH05S             ;延时 0.5s。
      XRL    P1,#00000100B      ;(P1)=11110011B,主线黄灯亮,支线红灯亮。
      LCALL  YSH05S             ;延时 0.5s。
      DJNZ   R2,HUA1            ;判断是否已经循环了 3 次？
      MOV    A,#11101110B       ;主线红灯和支线绿灯。
      MOV    P1,A               ;送到 P1 口显示主线红灯和支线绿灯亮。
      LCALL  YSH6S              ;延时 6s。
      MOV    R2,#03H            ;支线黄灯闪烁次数计数器赋值。
HUA2:MOV    A,#11111110B        ;支线绿灯灭,主线红灯亮。
      MOV    P1,A               ;送到 P1 口显示支线绿灯灭,主线红灯亮。
      LCALL  YSH05S             ;延时 0.5s。
      XRL    P1,#00100000B      ;(P1)=11011110B,支线黄灯亮,主线红灯亮。
      LCALL  YSH05S             ;延时 0.5s。
      DJNZ   R2,HUA2            ;判断是否已经循环了 3 次？
      AJMP   START              ;开始下一次循环。
YSH05S:MOV    R3,#05H
LOOP2:MOV    R4,#0C8H
LOOP1:MOV    R5,#0FAH
LOOP:  DJNZ   R5,LOOP
       DJNZ   R4,LOOP1
```

```
        DJNZ   R3,LOOP2
        RET
YSH10S:MOV   R6,#14H
XXH:   LCALL  YSH05S
    DJNZ   R6,XXH
       RET
YSH6S: MOV   R7,#0CH
XXH1:  LCALL  YSH05S
       DJNZ   R7,XXH1
       RET
       END
```

(2) C51 语言程序

```c
#include<reg51.h>
#define uchar unsigned char
#define uint unsigned int
sbit RED_Zhu=P1^0;                    //东西向灯。
sbit YELLOW_Zhu=P1^2;
sbit GREEN_Zhu=P1^1;
sbit RED_Zhi=P1^3;                    //南北向灯。
sbit YELLOW_Zhi=P1^5;
sbit GREEN_Zhi=P1^4;
ucharShan_Count=0,Zhuangtai_Type=1;   //闪烁次数,操作类型变量。
                                      //延时
void DelayMS(uint x)
{
    uchar i;
    while(x--) for(i=0;i<120;i++);
}

                                      //交通灯切换
void Traffic_Light()
{
    switch(Zhuangtai_Type)
    {
        case 1:                       //主线绿灯亮 10s,支线红灯亮 10s。
            RED_Zhu=1;YELLOW_Zhu=1;GREEN_Zhu=0;
            RED_Zhi=0;YELLOW_Zhi=1;GREEN_Zhi=1;
            DelayMS(10000);
            Zhuangtai_Type=2;
            break;
        case 2:                       //主线黄灯闪 3s,支线红灯亮 3s。
            while(Shan_Count!=3)
            {

                YELLOW_Zhu=~YELLOW_Zhu;RED_Zhu=1;GREEN_Zhu=1;
                RED_Zhi=0; YELLOW_Zhi=1;GREEN_Zhi=1;
```

```
            DelayMS(1000);
            Shan_Count++;
            if(Shan_Count==3)
            {Shan_Count=0;
            Zhuangtai_Type=3;}
            break;
        }
        break;
    case 3:                    //主线绿灯亮 6s,支线红灯亮 6s。
        RED_Zhu=0;YELLOW_Zhu=1;GREEN_Zhu=1;
        RED_Zhi=1;YELLOW_Zhi=1;GREEN_Zhi=0;
        DelayMS(6000);
        Zhuangtai_Type=4;
        break;
    case 4:                    // 主线红灯亮 3s,支线黄灯闪 3s。
        while(Shan_Count! =3)
        {
            RED_Zhu=0;YELLOW_Zhu=1;GREEN_Zhu=1;
            RED_Zhi=1;YELLOW_Zhi=~YELLOW_Zhi;GREEN_Zhi=1;
            DelayMS(1000);
            Shan_Count++;
            if(Shan_Count==3)
            {Shan_Count=0;
            Zhuangtai_Type=1;}
            break;
        }

        break;
    }
}
//主程序
void main()
{
    while(1) Traffic_Light();
}
```

5. 程序调试与仿真

(1) 用 Keil 软件编写和编译汇编语言程序 (如图 2-31 所示)

编译生成了红绿灯控制 .hex 文件,通过 Proteus 软件用于下载到单片机仿真运行如图 2-32 所示。

(2) 用 Keil 软件编写和编译 C51 语言程序 (如图 2-33 所示)

编译生成红绿灯控制 .hex 文件,通过 Proteus 软件下载到单片机仿真运行如图 2-34 所示。

(3) 用虚拟开发工具 Proteus 软件仿真

① 在 Proteus 软件中绘制电路如图 2-35 所示。

② 将 Keil 软件编写的程序,转换为 *.hex 文件,与 Proteus 软件进行联调,将程序添

图 2-31　程序

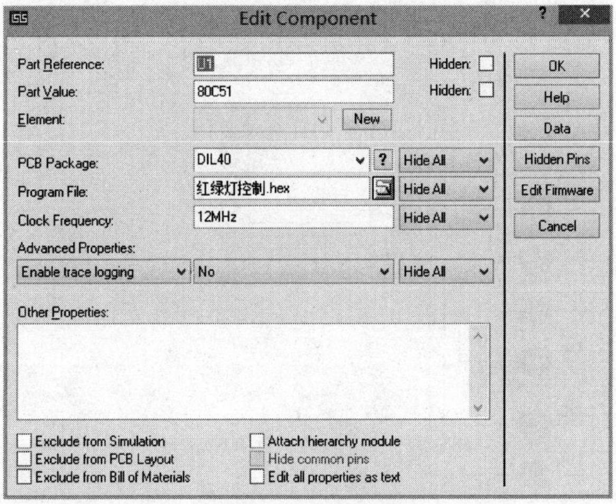

图 2-32　仿真运行

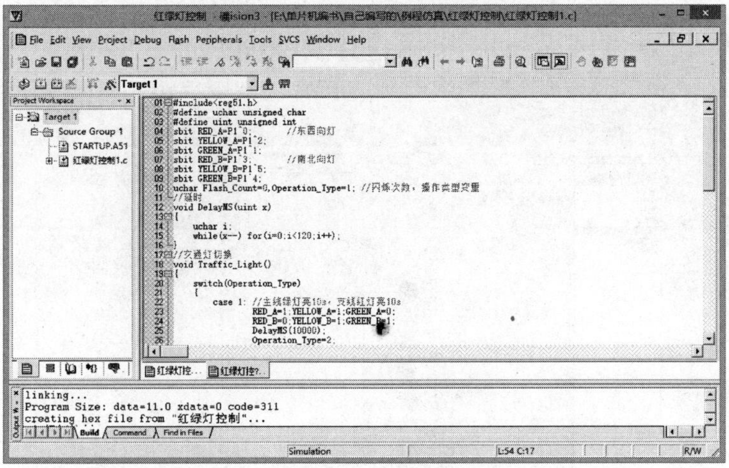

图 2-33　程序

加到 AT89C52 单片机中，运行如下图 2-36 所示。

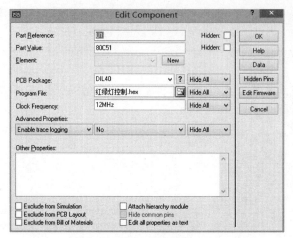

图 2-34 仿真运行

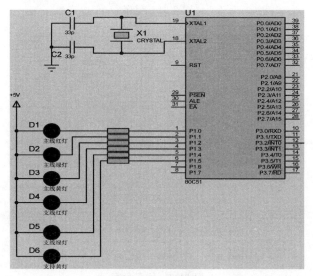

图 2-35 电路图

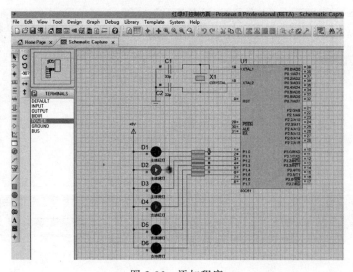

图 2-36 添加程序

【课后练习】

1. 试根据指令编码表写出下列指令的机器码。

MOV A，#08H
MOV R2，#50H
MOV SP，#55H
ADD A，@R1
SETB 20H

2. 若（R1）＝30H，（A）＝40H，（30H）＝69H，（40H）＝58H。试分析执行下列程序段后上述各单元内容的变化。

MOV A，@R1
MOV @R1，40H
MOV 40H，A
MOV R1，#7FH
ADD A，R1
ANL A，#0FH

3. 若（A）＝E8H，（R0）＝40H，（R1）＝20H，（R4）＝3AH，（40H）＝2CH，（20）＝0FH，试写出下列各指令独立执行后有关寄存器和存储单元的内容，若该指令影响标志位，是指出 Cy、AC 和 OV 的值。

MOV A，@R0
ANL 40H，#0FH
ADD A，R4
SWAP A
DEC @R1
XCHD A，@R1

4. 试用位操作指令实现下列逻辑操作，要求不得改变未涉及的位的内容。
（1）使 ACC.0 置位；
（2）清除累加器高 4 位。

5. 若（Cy）＝1，（P1）＝10100011B，（P2）＝01101010B。试指出执行下列程序段后，Cy、P1 口及 P3 口内容的变化情况。

MOV P1.4，C
MOV P1.2，C
MOV C，P1.6
MOV P2.5，C
MOV C，P1.0
MOV P3.4，C

6. 什么是计算机的指令和指令系统？

7. 已知（A）＝85H，（R0）＝20H，（20H）＝37H。请写出执行完下列程序段后 A 的内容。

```
ANL    A,#90H
ORL    20H,A
XRL    A,@R0
CPL    A
```

8. 分别写出下列三段指令执行的结果，并将其翻译成机器码，执行最后 1 条指令对 PSW 有何影响？

```
(1)MOV  R0,#72H
   MOV  A,R0
   ADD  A,#4BH
(2)MOV  A,#02H
   MOV  B,A
   MOV  A,#0AH
   ADD  A,B
   MUL  AB
(3)MOV  A,#20H
   MOV  B,A
   ADD  A,B
   SUBB A,#10H
   DIV  AB
```

9. "DA A" 指令的作用是什么？怎样使用这条指令？

10. 已知 A＝0C9H，B＝8DH，Cy＝1，执行指令"ADDC A，B"结果如何？执行指令"SUBB A，B"结果如何？

11. 请写出依次执行下列每条指令的结果：

```
MOV  30H,#0A4H
MOV  A,#0D6H
MOV  R0,#30H
MOV  R2,#47H
ANL  AR2
ORL  A,@R0
SWAP A
CPL  A
XRL  A,#0FFH
ORL  30H,A
```

12. 下列程序执行后，SP＝？，A＝？，B＝？写出每一条指令执行的结果，并将其翻译成机器码。

```
ORG  2000H
MOV  SP,#40H
MOV  A,#30H
LCALL 2500H
ADD  A,#10H
MOV  B,A
L1:SHMP L1
   ORG  2500H
```

```
MOV   DPTR,#200AH
PUSH   DPL
PUSH   DPH
RET
```

13. 在下列延时程序中，若系统的晶振频率为 6MHz，求延时程序 DELAY 的延时时间。若想加长或缩短延时时间，应该怎样修改？

```
DELYA:MOV   R2,#0FAH
   L1:MOV   R3,#0FAH
   L2:DJNZ   R3,L2
      DJNZ   R2,L1
      RET
```

14. 指令 "LJMP addr16" 和指令 "LJMP addr11" 的区别是什么？

15. 试说明指令 "CJNE   @R0，#20H，10H" 的功能，若本指令首地址为 2010H，其转移地址是多少？

16. 外部传送指令有哪几条？试比较下面每　组中两条指令的区别。

(1) MOVX   A，@R0；   MOVX   A，@DPTR

(2) MOVX   @R0，A；   MOVX   @DPTR，A

(3) MOVX   A，@R0；   MOVX   @R0，A

17. 在 80C51 片内 RAM 中，已知（20 H）＝30H，（30H）＝69H。请写出执行每条指令的结果，并说明源操作数的寻址方式。

```
MOV A,#50H
MOV R0,A
MOV @R0,20H
MOV   DPTR,#2000H
MOVX   @DPTR,A
MOV   R1,20H
MOV   A,R1
MOV   48H,#56H
MOV   40H,@R1
MOV   P1,#0FFH
MOV   A,P1
```

18. 试编程将寄存器 R2 内容传送到 R1 中去。

19. 写出下段程序中每条指令执行后的结果。

```
MOV R0,#67H
   MOV   A,#45H
   XCH A,R0
   SWAP A
   XCH A,R0
```

20. C51 在标准 C 的基础上扩展了哪几种类型？

21. C51 有哪几种数据存储类型？其中数据类型 "idata，code，xdata，pdata" 各对应 AT89S8051A 单片机的哪些存储空间？

22. bit 与 sbit 定义的位变量有什么区别？

23. 说明三种数据存储模式①SMAL 模式；②COMPACT 模式；③LAGE 模式之间的差别。

24. C51 语言中有几种基本语句？

25. C51 语言中有几种流程控制语句？简述它们的执行过程。

26. C51 语言中的辅助控制语句 break、continue 的作用是什么？

27. 在使用中断函数时应注意哪些事项？

28. do-while 构成的循环与 while 循环的区别是什么？

29. C51 语言对标识符有哪些规定？

30. C51 语言中标识符分为几类？在使用时应该注意哪些事项？

第三章 | 单片机中断系统

任务一 80C51 的中断系统

中断是计算机工作过程的随机事件，良好的中断系统使处理机具有随机应变的能力，从而扩大应用范围，提高 CPU 的工作效率和实时数据的处理时效。

一、中断系统

1. 中断和中断系统

中断就是打断正在进行的工作，去做另外一件工作，当另外一件工作完成时，再继续做原来的工作的过程。计算机在执行程序的过程中，由于 CPU 以外的某种原因，要暂时中止当前程序的执行，而去执行相应的处理程序，待处理结束后，再回来继续执行原来被中止了的程序，这个过程就是单片机的中断过程。单片机中实现中断功能的所有部件统称为单片机的中断系统。提出中断的请求源称为中断源。中断源对服务的要求称为

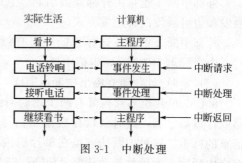

图 3-1 中断处理

中断请求，CPU 同意其请求称为中断响应，处理意外事件的程序称为中断服务或者中断处理程序。而原来运行的程序称为主程序，被断开的位置（地址）称为断点。中断处理完后，CPU 返回到原来被中断的位置，继续原来程序的执行，这一过程称为中断返回。计算机中断处理过程和日常生活中的很多活动类似，如图 3-1 所示。

中断请求与响应的整个过程如图 3-2(a) 所示，单片机的 CPU 收到中断请求后，如果满足中断条件就将当前程序被中断的断点地址压入堆栈保存，转到中断服务程序所在地址，进行中断处理，当中断服务程序执行到中断返回指令 RETI 时，将断点地址弹出返回到原来被中断的程序继续执行。中断也可以嵌套，如图 3-2(b) 所示为二级中断嵌套示意图，当进行中断处理过程中，又出现了比当前中断程序优先级别更高的中断请求后，将低优先级的中断程序打断，转去执行更高优先级别的中断程序，待高优先级别中断处理结束后，再返回刚刚被打断的中断程序继续执行，低优先级别中断程序完成后，再返回主程序断点处继续执行主程序。单片机可以实现多重中断嵌套。

2. 中断源

MCS-51 系列单片机有 5 个中断源。

（1）外部中断 0（$\overline{\text{INT0}}$）

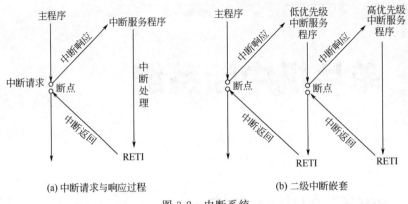

(a) 中断请求与响应过程　　　　　　(b) 二级中断嵌套

图 3-2　中断系统

外部中断 0 由外部原因引起，输入/输出设备的中断请求、掉电、设备故障的中断请求等都可以作为外部中断源。它的中断请求信号由引脚（P3.2）引入，分为电平触发和边沿触发两种触发方式。

标志位 IT0 选择为低电平有效还是下降沿有效。此引脚上出现有效的中断信号时，中断标志 IE0 置 1，申请中断。

（2）外部中断 1（$\overline{INT1}$）

外部中断 1 也是由外部原因引起。它的中断请求信号由引脚（P3.3）引入，也分为电平触发和边沿触发两种触发方式。

外部中断 1 由 IT1 选择为低电平有效还是下降沿有效。此引脚上出现有效的中断信号时，中断标志 IE1 置 1，申请中断。

（3）定时/计数器 0 溢出中断（T0）

80C51 单片机芯片内部有两个定时/计数器，当计数结构发生计数溢出时，即表明定时器或计数器已满，这时就以计数溢出信号作为中断请求，去或 TF1，作为单片机接受中断请求的标志。这种中断请求是在单片机内部发生的，因此无需在芯片上设置引入端。CPU响应中断后，由硬件自动清零 TF0 或 TF1。

对于定时/计数器 0 溢出中断，当 T0 发生溢出时，置位 TF0，向 CPU 申请中断。

（4）定时/计数器 1 溢出中断（T1）

当 T1 发生溢出时，置位 TF1，并向 CPU 申请中断。

（5）串行口中断

当串行接口发送了一帧信息，便由硬件置 TI＝1，向 CPU 申请中断。当串行接口接收了一帧信息，便由硬件置 RI＝1，向 CPU 申请中断。CPU 响应中断后，必须用软件清除 TI和 RI。

3. 80C51 中断系统的结构

中断系统的结构如图 3-3 所示。

4. 中断的主要功能

（1）分时操作

由于应用系统的许多外部设备速度较慢，可以通过中断的方法来协调快速 CPU 与慢速外部设备之间的工作，并且可以实现并行处理，CPU 可以与多台外设并行工作，并分时与他们进行信息交换，提高了 CPU 的工作效率。

（2）实现实时控制

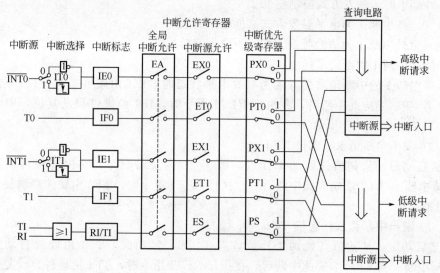

图 3-3   80C51 中断系统的结构

在单片微机中，依靠中断技术能实现实时控制。实时控制要求计算机能及时完成被控对象随机提出的分析和计算任务。在自动控制系统中，要求各控制参量随机地在任何时刻向计算机发出请求，CPU 必须作出快速响应、及时处理，系统的实时性大大增强。

（3）故障处理

单片微机应用中由于外界的干扰、硬件或软件设计中存在问题等因素，在实际运行中会出现硬件故障、运算错误、程序运行故障等，有了中断技术，计算机就能及时发现故障并自动处理，从而使系统可靠性提高。

（4）人机联系

通过键盘向单片微机发出中断请求，可以实时干预计算机的工作。

二、中断请求标志

MCS-51 单片机的 5 个中断源，在向 CPU 提出中断申请时，分别将各自的标志位置 1，这些标志位存在于特殊功能寄存器 TCON 和 SCON 中

1. 定时/计数器控制寄存器（TCON）

TCON 可以用于控制定时/计数器的工作，也用于锁存中断请求标志，其格式如下：

	D7	D6	D5	D4	D3	D2	D1	D0	
TCON	TF1	TR1	TF0	TR0	IE1	IT1	IE0	IT0	字节地址88H
位地址	8FH	8EH	8DH	8CH	8BH	8AH	89H	88H	

其中与中断有关的标志位为：

（1）外部中断 0 触发方式控制位 IT0

IT0＝0，外中断 0 为电平触发方式（低电平有效）。

IT0＝1，外中断 0 为边沿触发方式（下降沿有效）。

（2）外部中断 0 中断请求标志位 IE0

当外部中断 0 的中断请求引入端为有效电平状态时，IE0 由硬件自动置位，向 CPU 申请中断。当 CPU 响应此中断后，在执行 RETI 指令时，IE0 由硬件自动复位，中断申请被撤销。

（3）外部中断 1 触发方式控制位 IT1

IT1＝0，外中断 1 为电平触发方式（低电平有效）。

IT1＝1，外中断 1 为边沿触发方式（下降沿有效）。

（4）外部中断 1 中断请求标志位 IE1

当外部中断 1 的中断请求引入端为有效电平状态时，IE1 由硬件自动置位，向 CPU 申请中断。当 CPU 响应此中断后，在执行 RETI 指令时，IE1 由硬件自动复位，中断申请被撤销。

（5）T0 溢出中断请求标志位 TF0

T0 被启动后，从初值开始加 1 计数，当 T0 加满溢出时，TF0 由硬件自动置位，向 CPU 申请中断。当 CPU 响应此中断后，在执行 RETI 指令时，TF0 由硬件自动复位，中断申请被撤销。

（6）T1 溢出中断请求标志位 TF1

T1 被启动后，从初值开始加 1 计数，当 T1 加满溢出时，TF1 由硬件自动置位，向 CPU 申请中断。当 CPU 响应此中断后，在执行 RETI 指令时，TF1 由硬件自动复位，中断申请被撤销。

2. 串行口控制寄存器 SCON

SCON 中与中断有关的只有最低的两位，分别为串行口的接收中断和发送中断标志，其格式如下：

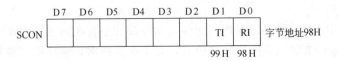

（1）接收中断标志位 RI

当串行接受中断请求时 RI＝1。

（2）发送中断标志位 TI

当串行发送中断请求时 TI＝1。

注意：RI 和 TI 由硬件置位、由软件清除。

三、中断控制

1. 中断允许寄存器 IE

CPU 对中断系统所有中断以及某个中断源的开放和屏蔽是由中断允许寄存器 IE 控制的。中断允许寄存器 IE 的格式如下：

	D7	D6	D5	D4	D3	D2	D1	D0	
IE	EA	—	—	ES	ET1	EX1	ET0	EX0	字节地址A8H
位地址	AFH			ACH	ABH	AAH	A9H	A8H	

IE 中与中断有关的控制位共 6 位：

EX0(IE.0),外部中断 0 允许位；

ET0(IE.1),定时/计数器 T0 中断允许位；

EX1(IE.2),外部中断 0 允许位；

ET1(IE.3),定时/计数器 T1 中断允许位；

ES（IE.4），串行口中断允许位；

EA（IE.7），CPU中断允许（总允许）位。

IE寄存器中各位设置：为0时，禁止中断；为1时，允许中断。系统复位后IE寄存器中各位均为0，即此时禁止所有中断。

IE实行二级控制，即以EA位作为总控制位，以各中断源的中断允许位作为分控制位。当总控制位EA＝1，允许所有中断开放，总允许后，各中断的允许或禁止由各中断源的中断允许控制位进行设置；当EA＝0时，屏蔽所有中断。

例1： 已知（IE）＝81H判断CPU允许那个中断源中断？

解： （IE）＝81H，则（EA）＝1，（EX0）＝1，所以可知CPU开中断，并且外部中断0开中断，所以根据设置可知CPU允许外部中断0中断。

2. 中断优先级寄存器IP

在实际的计算机中，可能有两个或者两个以上的中断源同时提出中断请求。这样，就要求计算机既能区分各个中断源的请求，又能确定首先为哪一个中断源服务。为解决这一问题，通常给各中断源规定优先级别。多个中断源同时请求时，计算机首先判断哪一个优先级别高，并为优先级别高的中断源服务，服务结束后，再去为次高级的中断源服务。80C51单片机有高、低两个中断优先级。每个中断源的中断优先级都是由中断优先级寄存器IP中的相应位的状态来规定的。其格式如下：

IP寄存器中各位设置：为0时，为低中断优先级；为1时，设为高中断优先级。所有优先级别为"1"的中断源都比优先级别为"0"的中断源优先级高。

PX0（IP.0）：外部中断0优先级设定位；

PT0（IP.1）：定时/计数器T0优先级设定位；

PX1（IP.2）：外部中断0优先级设定位；

PT1（IP.3）：定时/计数器T1优先级设定位；

PS（IP.4）：串行口优先级设定位。

当CPU同时接收到两个不同优先级的中断请求时，先响应高优先级的中断，如果CPU同时接收到的是几个同一优先级的中断请求时，则有中断优先权排队问题。同一优先级的中断优先权排队，由中断系统硬件确定的自然优先级形成，其排列如表3-1所示。

表3-1　中断源响应优先级及中断服务程序入口表

中断源	中断标志	中断服务程序入口	优先级顺序
外部中断0($\overline{INT0}$)	IE0	0003H	高
定时/计数器0(T0)	TF0	000BH	↓
外部中断1($\overline{INT1}$)	IE1	0013H	↓
定时/计数器1(T1)	TF1	001BH	↓
串行口	RI 或 TI	0023H	低

80C51单片机的中断优先级有三条原则：

（1）CPU同时接收到几个中断时，首先响应优先级别最高的中断请求；

（2）正在进行的中断过程不能被新的同级或低优先级的中断请求所中断；

（3）正在进行的低优先级中断服务，能被高优先级中断请求所中断。

例 2：已知（IP）＝0AH，当五种中断源同时向 CPU 提出中断请求时，写出 CPU 响应中断源的顺序。

解：因为（IP）＝05H，则（PT0）＝1，（PT1）＝1，即中断源定时/计数器 0 和中断源定时/计数器 1 的优先级为"1"级，其余三个中断源为"0"级，再根据同级中断源的自然优先级顺序，则五个中断源优先级从高到低的顺序为：定时/计数器 0 中断、定时/计数器 1 中断、外部中断 0、外部中断 1 和串行口中断。

四、80C51 单片机中断处理过程

80C51 单片机的中断处理过程可分为三个阶段，即中断响应、中断处理和中断返回。

1. 中断响应条件和时间

中断响应包括保护断点、转中断服务程序的入口地址，所用时间称为中断响应周期。

（1）中断响应条件

① 中断源有中断请求；

② 对应中断允许位为 1；

③ CPU 开中断（即 EA＝1）；

④ 无同级或高优先级中断正在被处理；

⑤ 当前查询的机器周期是所执行指令的最后一个机器周期；

⑥ 正执行的指令不是 RET、RETI 或任何访问 IE 或 IP 的指令（如果正在执行这些指令，则只有在这些指令后面至少再执行一条指令时才能接受中断请求）。

（2）中断服务的进入

每个机器周期的 S5P2，采样各中断源。采样值在下一个周期按优先级和内部顺序查询。某中断在上一个周期的 S5P2 被置 1，它将于查询周期被发现。CPU 便执行一条硬件 LCALL 指令，转向中断服务程序的入口地址，进入相应的中断程序。

（3）中断响应时间

中断响应的时序如图 3-4 所示。

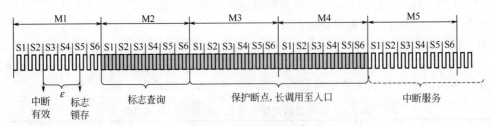

图 3-4 中断响应的时序

中断响应（从标志置 1 到进入相应的中断服务），至少要 3 个完整的机器周期。

如果遇到中断受阻的情况，则需要更长的响应时间，例如出现以下情况时需要在 3 个机器周期的基础上再增加响应的时间。

① 如果正在处理同级或高优先级中断服务程序，则附加的等待时间为正在执行的中断服务程序还需要执行的时间。

② 如果当前查询的机器周期不是所执行指令的最后一个机器周期，则附加的等待时间为 1～3 个机器周期（因为执行时间最长的乘法和除法指令也只有 4 个机器周期，其他指令

为 1～2 个机器周期)。

③ 如果正执行的指令是 RET、RETI 或任何访问 IE 或 IP 的指令，则附加的等待时间为这条指令和它的下一条指令执行的时间，大约为 2～5 个机器周期。

2. 中断响应过程

从中断请求发生直到被响应去执行中断服务程序，这是一个很复杂的过程，而整个过程均在 CPU 的控制下有规律的进行。

(1) 中断采样

中断采样是针对外部中断请求信号进行的，而内部中断请求都发生在芯片内部，可以直接置位 TCON 或 SCON 中的中断请求标志。在每个机器周期的 S5P2 (第五状态的第二节拍) 期间，各中断标志采样相应的中断源，并置入相应标志。

(2) 中断查询

若查询到某中断标志为 1，则按优先级的高低进行处理，即响应中断。80C51 的中断请求都汇集在 TCON 和 SCON 两个特殊功能寄存器中。而 CPU 则在下一机器周期的 S6 期间按优先级的顺序查询各中断标志。先查询高级中断，再查询低级中断。同级中断按内部中断优先级序列查询。如果查询到有中断标志位为 "1"，则表明有中断请求发生，接着从相邻的下一个机器周期的 S1 状态开始进行中断响应。

由于中断请求是随机发生的，CPU 无法预先得知，因此中断查询要在指令执行的每个机器周期中不停地重复执行。

(3) 中断响应

在中断响应过程中具体完成以下内容：

① 相应优先级状态触发器置 1；

② 执行硬件 LCALL 指令；

③ 把 PC 的内容入栈；

④ 相应中断服务程序的入口送 PC。

3. 中断处理过程

在中断响应进行断点保护后，开始执行中断服务程序。中断响应过程可以由中断系统内部自动完成，而中断服务程序则要由用户编写程序来完成。

中断处理又称为中断服务，包括两个部分，一是保护现场，二是处理中断源的请求。现场一般压入堆栈保护，然后执行中断服务程序。中断服务完后，恢复现场，即把压入堆栈中的数据弹出，送回原来的寄存器中。

4. 中断返回

由中断返回 RETI 指令来实现，是把断点 (地址) 取出，即将压入堆栈的断点地址从栈顶弹回 PC，并且将优先级状态触发器清 0。

注意中断服务程序的最后一条指令必须是中断返回指令，并且不能用 RET 指令代替 RETI 指令。而且在中断服务程序中 PUSH 与 POP 须成对使用，保持堆栈的平衡。

五、中断系统的初始化及中断应用

1. 中断程序的初始化

中断的初始化就是对与中断有关的特殊功能寄存器 TCON、IE、IP 等相应位进行设置，使这些寄存器的相应位按照系统的要求进行状态预置，从而使 CPU 按照系统的要求进行工作，达到控制系统的目的。

(1) 设置外部中断的触发方式 (IT0 和 IT1)

如果设置为低电平触发方式则用指令：

CLR　IT0 或 IT0＝0
CLR　IT1 或 IT1＝0

如果设置为下降沿触发方式则用指令：

SETBIT0 或 IT0＝1
SETB　IT1 或 IT1＝1

（2）中断源开中断（EX0、ET0、EX1、ET1、ES）

将需要开中断的中断源对应中断允许标志用 SETB 指令置 1。

（3）CPU 开中断（EA）

SETB　EA 或 EA＝1

在（2）和（3）步中可以用按位操作方式开中断，也可以按字节方式开中断。

例如将外部中断 0 开中断，可以用：

SETB　EX0；$\overline{INT0}$开中断
SETB　EA；CPU 开中断

也可以用：

MOV　IE，＃10000001B 或 IE＝81H

（4）设置中断优先级（IP）

当有多个中断源进行中断申请时，有时需要对各个中断源设置优先级，将需要设置高优先级的中断源对应优先级设置标志位用 SETB 置 1，设置为低优先级的标志位用 CLR 清 0。也可以用字节方式，将各个中断源优先级状态一起设置。

例如将定时/计数器 0 和串行口设置为高优先级，其余设置为低优先级，可以用：

SETB　PT0 或 PT0＝1
SETB　PS 或 PS＝1
CLR　　PX0 或 PX0＝0
CLR　　PX1 或 PX1＝0
CLR　　PT1 或 PT1＝0

也可以按字节设置为：

MOV　IP，＃00010010B 或 IP＝0x12

2. 中断服务程序的设计

中断服务程序是一种为中断源的中断服务而编写的独立程序段，以中断返回指令 RETI 结束。在程序存储器中设置有 5 个固定的单元作为中断矢量，即是 0003H、000BH、0013H、00lBH 及 0023H 单元，称为 5 个中断源的入口地址。

当中断服务程序超过 8 个字节时，将中断服务程序存放在程序存储器的其他位置，而在中断矢量中安排一条无条件转移指令。这样，当 CPU 响应中断请求后，转入中断矢量执行无条件转移指令，再转向实际的中断服务子程序的入口。

中断服务程序和子程序一样，在调用和返回时，也有一个保护断点和现场、恢复断点和现场的问题。在中断响应过程中，断点的保护主要由硬件电路自动实现。它将断点压入堆栈，再将中断服务程序的入口地址送入程序计数器 PC，使程序转向中断服务程序，即为中断源的请求服务。

所谓现场是指中断发生时单片微机中存储单元、寄存器、特殊功能寄存器中的数据或标志位等。在 80C51 中，现场一般包括累加器 A、工作寄存器 R0～R7 以及程序状态字 PSW 等。保护现场的方法可以有以下几种：

(1) 通过堆栈操作指令 PUSH direct；

(2) 通过工作寄存器区的改变；

(3) 通过单片机内部存储器单元暂存。

保护现场一定要位于中断服务程序的前面。

在结束中断服务程序返回断点处之前要恢复现场，与保护现场的方法相对应。而恢复断点也是由硬件电路自动实现的，

中断服务程序的最后一条指令必须是 RETI 指令。

80C51 单片微机具有多级中断功能（即多重中断嵌套），为了不至于在保护现场或恢复现场时，由于 CPU 响应其他中断请求，而使现场破坏。一般规定，在保护和恢复现场时，CPU 不响应外界的中断请求，即关中断。因此，在编写程序时，应在保护现场和恢复现场之前，关闭 CPU 中断；在保护现场和恢复现场之后，再根据需要使 CPU 开中断。

对于重要中断，不允许被其他中断所嵌套。除了设置中断优先级外，还可以采用关中断的方法，彻底屏蔽其它中断请求，待中断处理完之后再打开中断系统。

一般的中断服务程序的中断处理过程如图 3-5 所示。

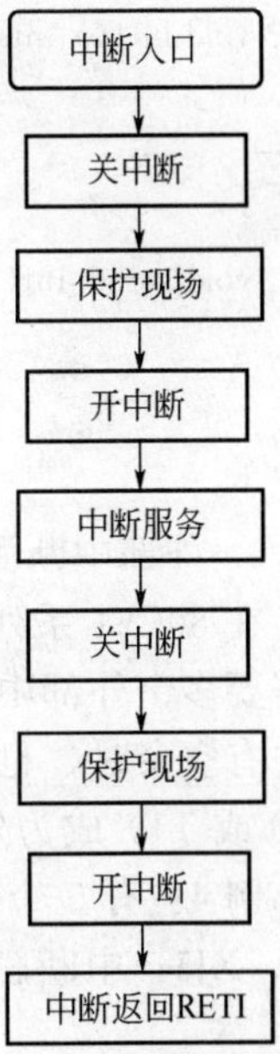

例3：试编写设置外部中断 $\overline{INT1}$ 和串行接口中断为高优先级，外部中断 $\overline{INT0}$ 为低优先级。屏蔽 T0 和 T1 中断请求的初始化程序段。

解：根据题目要求，只要能将中断请求优先级寄存器 IP 的 PX1、PS 位置 "1"。其余位置 "0"，将中断请求允许寄存器的 EA、ES、EX1、EX0 位置 "1"，其余位置 "0" 就可以了。

编程如下：

① 汇编程序：

```
            ORG   0000H
            SJMP   MAIN
            ORG   0003H
            LJMP   PINT0      ;设外部中断中断矢量
            ORG   0013H
            LJMP   PINT1      ;设外部中断中断矢量
            ORG   0023H
            LJMP   PSINT      ;设串行口中断矢量
            ORG   0050H
    MAIN：  MOV   SP，#50H    ;将堆栈指针重新赋值
            SETB   PX1        ;设置外部中断1为高优先级
            SETB   PS         ;设置串行口中断为高优先级
            MOV   IE，#10010101B  ;允许 INT0、INT1、串行口中断，CPU 开中断
            SJMP   $
    PINT0： …
            …
            RETI
    PINT1： …
```

图 3-5　中断处理过程

```
                ...
                RETI
    PSINT：...
                ...
                RETI
                END
```

② C51 语言程序：

```
#include<reg51.h>
Void main()
{
    IE＝0x95；
    PX1＝1；
    PS＝1；
    while(1)；
}
void int0() interrupt 0 using 0        // 外部中断 0 服务函数
{
    ......
}
void int1() interrupt 2 using 0        // 外部中断 1 服务函数
{
    ......
}
void serial_int() interrupt 4 using 0  // 串口中断服务函数
{
    ......
}
```

3. 外部中断源的扩展

在 80C51 系列单片机中，一般只有两个外部中断请求输入端 INT0，INT1 。当某个系统需要多个外部中断源时，可以通过增加 "OC 门" 结合软件来扩展；当定时器/计数器在系统中有空余时，也可以通过对计数器计数长度的巧妙设置，使定时器/计数器的外部输入脚（TO 或 T1）成为外部中断请求输入端。

例 4：有 5 个外部中断源提出中断申请，其中断优先级的顺序为 XI0、XI1、XI2、XI3、XI4、XI5，中断触发方式为下降沿触发方式。编写程序实现 5 个外部中断源的中断响应。

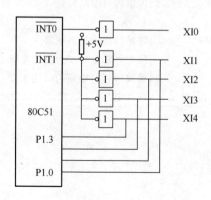

解：编写程序如下：

```
                ORG   0000H
                LJMP  MAIN
                ORG   0003H
                LJMP INSE0        ;转外部中断 0 服务程序入口
                ORG   0013H
                LJMP INSE1        ;转外部中断 1 服务程序入口
                ORG   0050H
MAIN：          MOV   SP,＃50H
                SETB  IT0
                SETB  IT1
                MOV   IE,＃10000101B
                SJMP  $
                ORG   O100H
INSE0：         PUSH PSW          ;XI0 中断服务程序
                PUSH ACC
                …… …
                …… …
                POP   ACC
                POP   PSW
                RETI
                ORG   0200H
INSE1：         PUSH PSW          ;中断服务程序
                PUSH ACC
                JB P1.0,DV1       ;P1.0 为 1,转 XI1 中断服务程序
                JB P1.1,DV2       ;P1.1 为 1,转 XI2 中断服务程序
                JB P1.2,DV3       ;P1.2 为 1,转 XI3 中断服务程序
                JB P1.3,DV4       ;P1.3 为 1,转 XI4 中断服务程序
INRET：         POP ACC
                POP PSW
                RETI
DV1：…… …       ;XI1 中断服务程序
        AJMP INRET
DV2：…… …       ;XI2 中断服务程序
        AJMP INRET
DV3：…… …       ;XI3 中断服务程序
        AJMP INRET
DV4：…… …       ;XI4 中断服务程序
        AJMP INRET
        END
```

任务二　外部中断电路的设计与应用

一、外部中断电路的设计

在这个任务中要设计一个外部中断电路，用电路实现中断控制，以了解单片机中断的实

际应用方法，并且掌握中断方式的选择与软件编程方法。

外部中断电路要实现的中断功能为：将 P1.0～P1.3 的状态读入 P1 口寄存器，取反后送到 P1.4～P1.7 控制四个发光二极管的显示。

设计电路利用单片机的 P1.0～P1.3 作为输入口，P1.4～P1.7 作为输出口；每按一次开关 S，将产生一个负脉冲，送到单片机的 INT0 端，作为中断请求信号；单片机每响应一次中断请求，都从 P1.0～P1.3 的开关中读入数据，取反后，送到 P1.4～P1.7 的发光二极管显示。（采用边沿触发方式）。其电路原理图如图 3-6 所示。根据电路原理图制作的目标板。

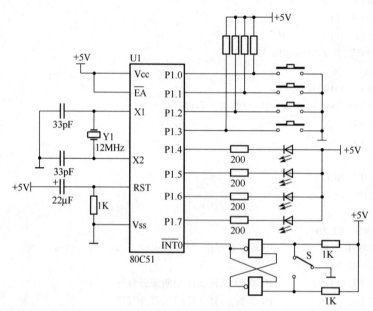

图 3-6　电路原理图

二、外部中断 INT0 应用程序设计

P1 口作为输入的特点：如果想要将 P1 口各个引脚的输入状态正确读入到 P1 口的寄存器，先要将 P1 口相应引脚写入高电平"1"。

1. 编写程序

① 汇编程序：

```
        ORG    0000H
        AJMP   MAIN
        ORG    0003H
        AJMP   PINT0
        ORG    0100H
MAIN:   MOV    SP,#50H      ;重新给堆栈指针赋值,因为在中断时断点地址要压入堆栈
        SETB   IT0          ;(IT0)＝1,INT0 为下降沿触发方式
        MOV    IE,#10000001B ;CPU 开中断和 INT0 开中断
        SJMP   $            ;踏步指令等待中断;CPU 自动将踏步指令的地址压入到堆栈,自动
                            转到 0003H
                            ;去找外部中断 0 的中断服务程序。
```

```
PINT0： CLR   EX0                  ;将 INT0 先关中断
        MOV   A,#0FH              ;为了读 P1 口的低 4 位做准备
        MOV   P1,A                ;保证 P1 口的低 4 位的状态被正确读入到 P1 寄存器的低 4 位
        ACALL   DELAY            ;调用延时程序
        MOV   A,P1                ;将 P1 口数据读入累加器 A
        CPL   A
        SWAP   A                  ;低 4 位和高 4 位交换位置
        MOV   P1,A                ;将数据送到 P1 口高 4 位去显示
        LCALL   DELAY
        SETB   EX0                ;重新开 INT0 中断
        RETI                      ;中断返回到踏步指令位置继续等待新的中断
DELAY： MOV   R2,#80H             ;延时的子程序
LOOP：  DJNZ   R2,LOOP
        RET                       ;子程序返回
        END
```

② C51 程序：

```
#include<reg51.h>
#define uchar unsigned char
#define uint unsigned int
                                //延时
void DelayMS(uint x)
{
    uchar i;
    while(x−−) for(i=0;i<120;i++);
}
void main()
{
    EA=1;                       //总中断允许
    EX0=1;                      //允许外部中断 0 中断
    IT0=1;                      //设置为下降沿触发方式
    while(1);
}
void int0() interrupt 0 using 0    // 外部中断 0 服务函数
{
    unsigned char temp;
    EX0=0;
    P1=0xff;
    temp=P1&0x0f;
    DelayMS(10);
    temp=temp<<4;
    P1=temp;
    DelayMS(10);
    EX0=1;
}
```

2. 程序调试与仿真

（1）用 Keil 软件编写和编译汇编语言程序图 3-7 所示。

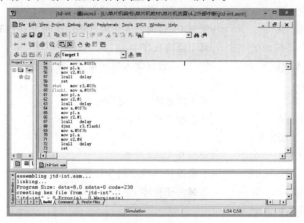

图 3-7　程序图

编译生成了 jtd-int.hex 文件，通过 Proteus 软件用于下载到单片机仿真运行如图 3-8 所示。

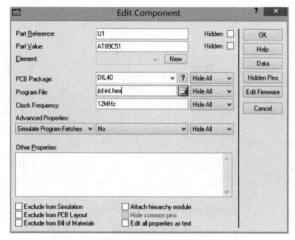

图 3-8　仿真运行

（2）用 Keil 软件编写和编译 C51 语言程序如图 3-9 所示。

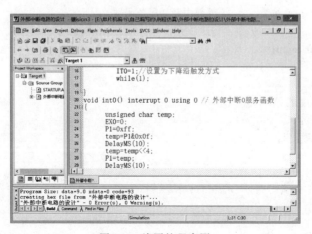

图 3-9　编写的程序图

编译生成了外部中断电路的设计. hex 文件，通过 Proteus 软件用于下载到单片机仿真运行如图 3-10 所示。

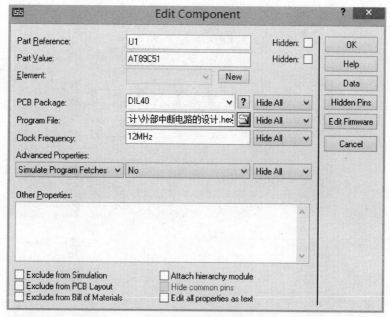

图 3-10 单片机仿真图

（3）用虚拟开发工具 Proteus 软件仿真

① 在 Proteus 软件中绘制电路如图 3-11 所示。

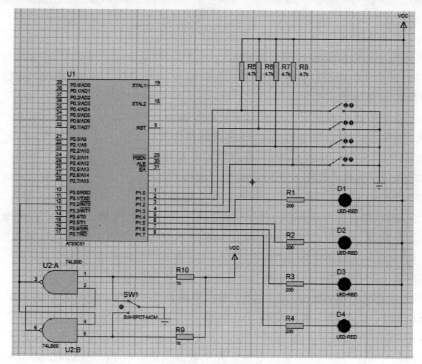

图 3-11 绘制电路

② 将 keil 软件编写的程序，转换为 *. hex 文件，与 Proteus 软件进行联调，将程序添加到 AT89C52 单片机中，运行如图 3-12 所示。

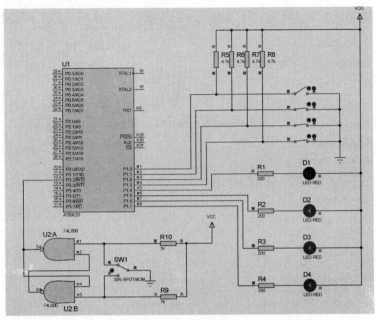

图 3-12　程序运行

【课后练习】

1. 什么是中断和中断系统？其主要功能是什么？

2. 在单片机中，中断能实现哪些功能？

3. 80C51 有几个中断源？各中断标志是如何产生的？又是如何复位的？CPU 响应各中断时，其中断入口地址是多少？

4. 80C51 的各中断源如何对其中断请求进行控制？

5. 什么是中断优先级？中断优先处理的原则是什么？

6. 已知（IE）=85H，判断 CPU 允许哪些中断源中断？

7. 已知（IP）=16H，写出五个中断源的优先级顺序。

8. 已知（IP）=09H，写出五个中断源的优先级顺序

9. 80C51 单片机有 5 个中断源，但只能设置 2 个中断优先级，因此，在中断优先级安排上受到一定的限制。试问以下几种中断优先顺序的安排（级别由高到低）是否可能？若可能，则应如何设置中断源的中断级别？否则，请简述不可能的理由。

（1）定时器 0，定时器 1，外中断 0，外中断 1，串行口中断。

（2）串行口中断，外中断 0，定时器 0 溢出中断，外中断 1，定时器 1 溢出中断。

（3）外中断 0，定时器 1 溢出中断，外中断 1，定时器 0 溢出中断，串行口中断。

（4）外中断 0，外中断 1，串行口中断，定时器。溢出中断，定时器 1 溢出中断。

（5）串行口中断，定时器 0 溢出中断，外中断 0，外中断 1，定时器 1 溢出中断。

（6）外中断 0，外中断 1，定时器 0 溢出中断，串行口中断，定时器 1 语出中断。

（7）外中断 0，定时器 1 溢出中断，定时器 0 溢出中断，外中断 1，串行口中断。

10. 外部中断源有电平触发和边沿触发两种触发方式，这两种触发方式所产生的中断过程有何不同？怎样设定？

11. 中断响应过程中，为什么通常要保护现场？如何保护？

12. 某系统有三个外部中断源 1、2、3，当某一中断源变低电平时便要求 CPU 处理，它们的优先处理次序由高到低为 3、2、1，处理程序的入口地址分别为 2000H、2100H、2200H。试编写主程序及中断服务程序（转至相应的入口即可）。

第四章 定时器电路的设计

任务一　80C51 的定时/计数器

生产和生活中定时/计数的例子随处可见。例：录音机上的计数器、家里面用的电度表、汽车上的里程表、空调的定时开关、自动生产线上的计数装置等。如图 4-1 所示为生产和生活中定时/计数器的使用。

打铃器　　　　　生产线的包装和计数装置　　　　　定时开关　　　空调遥控器

图 4-1　定时/计数器应用

单片机实现定时功能，比较方便的办法是利用单片机内部的定时/计数器。也可以采用下面三种方法。

（1）软件定时：软件定时不占用硬件资源，但占用了 CPU 时间，降低了 CPU 的利用率。

（2）采用时基电路定时：例如采用 555 电路，外接必要的元器件（电阻和电容），即可构成硬件定时电路。但在硬件连接好以后，定时值与定时范围不能由软件进行控制和修改，即不可编程。

（3）采用可编程芯片定时：这种定时芯片的定时值及定时范围很容易用软件来确定和修改，此种芯片定时功能强，使用灵活。在单片机的定时/计数器不够用时，可以考虑进行扩展。

一、定时/计数器的结构和工作原理

1. 定时/计数器的结构

80C51 单片机中有两个可编程的 16 位定时/计数器，分别称为定时/计数器 0（T0）和定时/计数器 1（T1），它们既有定时功能又有计数功能。每个都是 16 位的加法计数结构，T0 的高 8 位和低 8 位分别由特殊功能寄存器中的 TH0 和 TL0 组成，T1 的高 8 位和低 8 位分别由特殊功能寄存器中的 TH1 和 TL1 组成。其内部结构如图 4-2 所示。

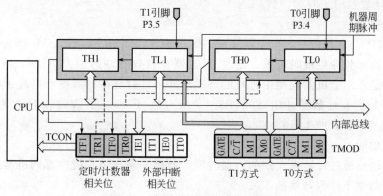

图 4-2　定时/计数器的结构框图

图 4-2 中 TMOD 是定时/计数器的工作方式寄存器，确定工作方式和功能；TCON 是控制寄存器，控制 T0、T1 的启动和停止及设置溢出标志。

T0 由 TH0 和 TL0 两个特殊功能寄存器组成加 1 计数器。

T1 由 TH1 和 TL1 两个特殊功能寄存器组成加 1 计数器。

2. 定时/计数器的工作原理

在作定时器使用时，输入的时钟脉冲是由单片机晶体振荡器的输出经 12 分频后得到的，即定时器是对单片机机器周期的计数器（因为每个机器周期包含 12 个振荡周期，故每一个机器周期定时器加 1，可以把输入的时钟脉冲看作机器周期信号）。故其频率为晶振频率的 1/12。如果晶振频率为 12MHz，则定时器每接收一个输入脉冲的时间为 $1\mu s$。

当它用作对外部事件计数时，接相应的外部输入引脚 T0（P3.4）或 T1（P3.5）输入的外部脉冲源。每来一个脉冲计数器加 1，当加到计数器为全 1 时，再输入一个脉冲就使计数器回零，且计数器的溢出使 TCON 中 TF0 或 TF1 置 1，向 CPU 发出中断请求（定时/计数器中断允许时）。如果定时/计数器工作于定时模式，则表示定时时间已到；如果工作于计数模式，则表示计数值已满。如图 4-3 所示为定时/计数器的加 1 计数器两个输入脉冲的示意图。

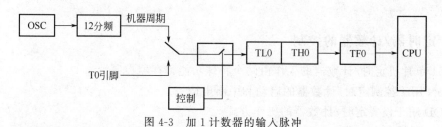

图 4-3　加 1 计数器的输入脉冲

单片机中的定时器和计数器其实是同一个器件。

计数器：是对外部的脉冲进行计数。

定时器：是对单片机内部的标准时钟脉冲进行计数。

在生活中会遇到这样的现象，在水龙头下放一个盆，如果水龙没关紧，水会一滴滴地滴入盆中。水滴持续落下，由于盆的容量有限，过一段时间之后，水就会逐渐变满，水滴再落下时，水就会从盆中溢出。那么单片机中的加 1 计数器有多大的容量呢？80C51 单片机中的两个计数器是 16 位的，所以它们的最大的容量是 2^{16}，即最多可以计满 65536 个脉冲。

3. 定时/计数器的定时和计数功能

（1）计数功能

引脚 T0（P3.4）作为 T0 的计数脉冲的输入端，用引脚 T1（P3.5）作为 T1 的计数脉冲的输入端。外来脉冲负跳时有效，定时/计数器在有效脉冲的触发下进行加 1 操作。对计数脉冲的采样是在 2 个机器周期中进行的，要求外来计数脉冲的频率不得高于单片机系统振荡脉冲频率的 1/24。计数脉冲由 T0（P3.4）或 T1（P3.5）引脚输入的负跳变脉冲产生，每个脉冲使加 1 计数器加 1。

（2）定时功能

定时功能也是通过计数来实现的，此时的计数脉冲来自单片机内部的机器周期脉冲。每过一个机器周期加 1 计数器就加 1。

$$\text{定时脉冲周期} = \text{加 1 计数器加 1 的时间} = \text{机器周期 } T = \begin{cases} 1\mu s & f_{osc} = 12\text{MHz} \\ 2\mu s & f_{osc} = 6\text{MHz} \\ 1.5\mu s & f_{osc} = 6\text{MHz} \\ 3\mu s & f_{osc} = 4\text{MHz} \end{cases}$$

定时器的最大定时时间：

16 位定时器最多可以计 $2^{16} = 65536$ 个脉冲，计时时间 $t = 65536T = 65536\mu s$（$f_{osc} = 12\text{MHz}$）

8 位定时器最多可以计 $2^8 = 256$ 个脉冲，计时时间 $t = 256T = 256\mu s$（$f_{osc} = 12\text{MHz}$）

13 位定时器最多可以计 $2^{13} = 8192$ 个脉冲，计时时间 $t = 8192T = 8192\mu s$（$f_{osc} = 12\text{MHz}$）

定时器/计数器用作定时器使用时，其定时时间与时钟周期、计数器的长度、定时初值等因素有关。

以上两种功能中，每来一个脉冲，16 位加 1 计数器就加 1，一直加到 16 位都为 1 时，再来一个脉冲就溢出，所有位从 0 开始计数，溢出标志位 TF0（TF1）变为 1，就向 CPU 提出中断申请，对计数功能而言，表示计数已满，对于定时功能而言，表示定时时间已到。当 CPU 执行了中断请求之后，用 RETI 指令将 TF0（TF1）变为 0，为下一次溢出中断请求做好准备。

二、定时器/计数器的控制

80C51 单片机定时/计数器的工作由两个特殊功能寄存器控制。

TCON 用于控制定时/计数器的启动和中断申请。

TMOD 用于设置定时/计数器的工作方式。

1. 定时器控制寄存器（TCON）

定时器控制寄存器 TCON 是一个 8 位的特殊功能寄存器，字节地址为 88H，可位寻址。TCON 的低 4 位用于控制外部中断，高 4 位用于控制定时/计数器的启动和中断申请。其格式如下：

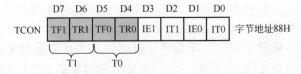

TF1（TCON.7）：T1 溢出中断请求标志位。T1 计数溢出时由硬件自动将 TF1 置 1。

CPU 响应中断后 TF1 由硬件自动清 0。T1 工作时，CPU 可随时查询 TF1 的状态。所以，TF1 可用作查询测试的标志。TF1 也可以用软件置 1 或清 0，同硬件置 1 或清 0 的效果一样。

TR1（TCON.6）：T1 运行控制位。TR1 置 1 时，T1 开始工作；TR1 置 0 时，T1 停止工作。TR1 由软件置 1 或清 0。所以，用软件可控制定时/计数器的启动与停止。

TF0（TCON.5）：T0 溢出中断请求标志位，其功能与 TF1 类同。

TR0（TCON.4）：T0 运行控制位，其功能与 TR1 类同。

2. 工作方式寄存器 TMOD

$$TR0 = \begin{cases} 1 & \text{启动定时/计数器 T0} \\ 0 & \text{停止定时/计数器 T0} \end{cases}$$

$$TR1 = \begin{cases} 1 & \text{启动定时/计数器 T1} \\ 0 & \text{停止定时/计数器 T1} \end{cases}$$

工作方式寄存器 TMOD 是 8 位的特殊功能寄存器，字节地址为 89H，不能位寻址，所以必须按字节设置。其低 4 位用于设置 T0 的工作方式，高 4 位用于设置 T1 的工作方式，其格式如下：

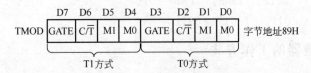

（1）GATE：门控位

GATE=0 时，只要用软件使 TCON 中的 TR0 或 TR1 为 1，就可以启动定时/计数器工作；GATA=1 时，要用软件使 TR0 或 TR1 为 1，同时外部中断引脚也为高电平时，才能启动定时/计数器工作。即此时定时器的启动条件，加上了外部中断引脚为高电平这一条件。以 T0 的门控位为例，其控制情况如下：

$$GATE = \begin{cases} 0 & TR0 = \begin{cases} 1 & \text{启动定时/计数器 T0} \\ 0 & \text{停止定时/计数器 T0} \end{cases} \\ 1 & \overline{INT0} \wedge TR0 = \begin{cases} 1 & \text{启动定时/计数器 T0} \\ 0 & \text{停止定时/计数器 T0} \end{cases} \end{cases}$$

（2）$C/\overline{T}$ 定时计数选择位

$C/\overline{T}=0$：选择定时工作方式

$C/\overline{T}=1$：选择计数工作方式

（3）M1 M0 工作方式选择位

定时/计数器有 4 种工作方式，由 M1M0 的不同组合形式来选择。如表 4-1 所示。

表 4-1　定时/计数器工作方式设置表

M1 M0	工作方式	功　　能
00	方式 0	13 位的定时/计数器
01	方式 1	16 位的定时/计数器
10	方式 2	带自动重装功能的 8 位定时/计数器
11	方式 3	只适用于 T0，T0 分为两个 8 位的计数器

例 1： 已知 T0 工作于定时方式，启动和停止只由 TR0 控制，工作在计数方式，工作在

方式 1，设置 TMOD 的值。

解： 因为只有定时器 T0 工作，所以只需设置 TMOD 的低 4 位，高 4 位为 0000。

启动和停止只由 TR0 控制，则设置 T0 的 GATE＝0。

工作在定时方式则设置 T0 的 C/$\overline{T}$＝0。

工作在方式 1，则 M1M0＝01。

所以：（TMOD）＝0000　0001＝01H

例 2： 已知 T1 工作的启动和停止只由 TR1 控制，工作在计数方式，工作在方式 2，定时器 T0 工作的启动和停止由 TR0 和 $\overline{INT0}$ 控制，工作在定时方式，工作在方式 1，设置 TMOD 的值。

解： 因为 T1 的启动和停止只由 TR1 控制，则设置 T1 的 GATE＝0。

T1 工作在计数方式则设置 T1 的 C/$\overline{T}$＝1。

T1 工作在方式 2，则设置 T1 的 M1M0＝10。

T0 工作的启动和停止由 TR0 和 $\overline{INT0}$ 控制，则设置 T0 的 GATE＝1。

T0 工作在定时方式则设置 T0 的 C/$\overline{T}$＝0。

T0 工作在方式 1，则设置 T0 的 M1M0＝01。

所以：（TMOD）＝0110　1001B＝69H

三、定时/计数器的工作方式

由软件对特殊功能寄存器 TMOD 中的控制位 M1、M0 的设置，可选择定时器/计数器的工作方式。80C51 单片机的定时/计数器 T0 有 4 种工作方式（方式 0、1、2、3），T1 只有 3 种工作方式（方式 0、1、2）。以下以 T0 为例介绍定时器的 4 种工作方式，T1 的工作方式和 T0 的方式 0、1、2 类同。

1. 方式 0

方式 0 为 13 位计数，由 TL0 的低 5 位（高 3 位未用）和 TH0 的 8 位组成。TL0 的低 5 位溢出时向 TH0 进位，TH0 溢出时，置位 TCON 中的 TF0 标志，向 CPU 发出中断请求。其逻辑结构图如图 4-4 所示。

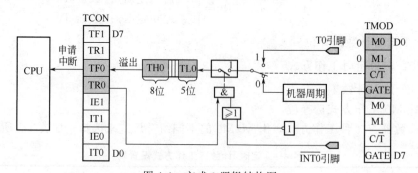

图 4-4　方式 0 逻辑结构图

当 C/$\overline{T}$＝0 时，多路转换开关接通振荡脉冲的 12 分频输出，13 位计数器以此作为计数脉冲，这时实现定时功能。当 C/$\overline{T}$＝1 时，多路转换开关接通计数引脚（T0），计数脉冲由外部引入，当计数脉冲发生负跳变时，计数器加 1，这时实现计数功能。不管那种功能，当 13 位计数发生溢出时，硬件自动把 13 位清零，同时硬件置位溢出标志位 TF0。

如果计数值小于单片机的计数器容量时，如何处理呢？

单片机工作于方式 0 时，其计数器的容量为 $2^{13}=8192$。如果定时器从 0 开始计数，当计数器溢出时，向 CPU 提出中断请求，可知计数器计满了 8192 个脉冲。但是可以通过中断请求标志知道计数器已经满了 1000 个脉冲吗？我们在生活中会有这样的经历：如果 100ml 的空杯子里倒满 100ml 水后，再继续倒水，水会溢出，当水开始溢出的瞬间，我们知道杯子里被倒进 100ml 水；如果这个杯子里原来已经有了 40ml 的水，那么再向杯子里倒水溢出瞬间，我们知道杯子里又被倒进了 60ml 的水。所以如果要想使计数器在方式 0 时，计满 1000 个脉冲就溢出，可以先将计数器中装入 7192 个脉冲，也就是说当计数值小于单片机的计数器容量时，使用定时/计数器进行定时和计数时，要先给加 1 计数器赋初值。

根据定时/计数器工作于定时和计数方式的不同，80C51 单片机的加 1 计数器初值的设置方法如下：

定时方式　　$X=2^{n}-\dfrac{t}{T_{cy}}$　　（$n=13$、16、8）

计数方式　　$X=2^{n}-N$　　（$n=13$、16、8）

其中：X——计数器初值

　　　T_{cy}——机器周期

　　　t——定时时间

　　　N——计数个数

所以当单片机工作于方式 0 时，其计数器的初值为：

定时方式　　$X=2^{13}-\dfrac{t}{T_{cy}}$

计数方式　　$X=2^{13}-N$

将计数器初值计算出以后，将其转换为 13 位二进制数，并将高 8 位放入 TH0 中，低 5 位放入 TL0 的低 5 位中。

2. 方式 1

方式 1 的计数位数是 16 位，由 TL0 作为低 8 位、TH0 作为高 8 位，组成了 16 位加 1 计数器。TL0 的低 8 位溢出时向 TH0 进位，TH0 溢出时，置位 TCON 中的 TF0 标志，向 CPU 发出中断请求。其逻辑结构图如图 4-5 所示。

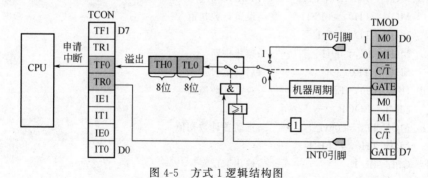

图 4-5　方式 1 逻辑结构图

单片机工作于方式 1 时，其计数器的容量为 $2^{16}=65536$。其计数器初值的设置方法如下：

定时方式　　$X=2^{16}-\dfrac{t}{T_{cy}}$

计数方式　　$X=2^{16}-N$

定时/计数器初始化的一般步骤如下。

（1）确定工作方式，对方式寄存器 TMOD 赋值。

（2）计算加 1 计数器的初始值送到 TH0（TH1）和 TL0（TL1）中

（3）如果采用中断方式就将 T0（T1）开中断，并且将 CPU 开中断。

（4）启动定时/计数器工作，将 TR0（TR1）置 1。

例 3：编程实现用 T0 工作方式 1 产生 $500\mu s$ 定时，在 P1.1 输出周期为 1ms 的方波，设晶振频率 $=6MH_z$。

解：（1）根据 T0 的工作方式，对 TMOD 进行初始化。

按题意可设：GATE＝0（用 TR0 位控制定时的启动和停止）

$C/\overline{T}=0$（置定时功能）

M1M0＝01（置方式 1）

则（TMOD）＝0000　0001B＝01H

（2）计算计数器初值

T0 工作在方式 1 是一个 16 位的定时/计数器。加 1 计数器由 TH0 全部 8 位和 TL0 全部 8 位构成。

按题意其定时时间 $t=500\mu s$

晶振频率 $=6MH_z$，则机器周期 $T_{cy}=2\mu s$

则计数器初值为：

$$X=2^{16}-\frac{t}{T_{cy}}=65536-\frac{500}{2}=65286=FF06H$$

即：（TH0）＝0FFH，（TL0）＝06H

（3）编写程序（查询方式）

① 汇编程序：

```
ORG   0000H
      LJMP   MAIN
      ORG   0500H
MAIN:MOV   TMOD,#01H        ;TMOD 初始化
      MOV   TH0,#0FFH        ;设置计数初值
      MOV   TL0,#06H
      MOV   IE,#00H          ;禁止中断
      SETB   TR0             ;启动定时
LOOP:JBC   TF0,NEXT         ;查询计数溢出
      SJMP   LOOP
NEXT：MOV TL0,#06H           ;重新置计数初值
      MOV   TH0,#0FFH
      CPL   P1.1             ;输出取反
      SJMP   LOOP            ;重复循环
```

② C51 语言程序：

```
#include<reg51.h>
Sbit P1_0=P1^0;
Void main(void)
{
```

```
            TMOD＝0x01；
            TRO＝1
            while(1)
            {
                TH0＝0x06；
                TL0＝0xff；
                do{}
                while(！TF0)；
                P1_0＝！P1_0；
                TF0＝0；
            }
        }
```

例4：编写程序利用 T1 方式 1 定时，在 P1.0 端输出 $50H_z$ 方波。设晶振频率为 $12MH_z$。

解：（1）根据 T1 的工作方式，对 TMOD 进行初始化。

按题意可设 GATE＝0（用 TR1 位控制定时的启动和停止），

$C/\overline{T}＝0$（置定时功能），

M1M0＝01（置方式 1），

所以 （TMOD）＝0001 0000B＝10H。

（2）计算计数器初值

要输出 $50H_z$ 的方波，其周期为 $T＝1/50＝20ms$，只要在 P1.0 每隔 10ms 交替输出高低电平即可实现，因此定时时间 $t＝10ms＝10000\mu s$。

晶振频率为 $12MH_z$，所以机器周期 $T_{cy}＝1\mu s$。

则计数器初值为：

$$X＝2^{16}-\frac{t}{T_{cy}}＝65536-\frac{10000}{1}＝55536＝D8F0H$$

将低 8 位送 TL1，高 8 位送 TH1 得：（TH1）＝0D8H，（TL1）＝0F0H

（3）编写程序（中断方式）

① 汇编程序：

```
ORG   0000H
        LJMP   MAIN          ;跳转到主程序
        ORG   001BH          ;T1 的中断服务程序入口地址
        LJMP   DVT1          ;转向中断服务程序
        ORG   0100H
MAIN：MOV TMOD,♯10H           ;TMOD 初始化
        MOV   TH1,♯0D8H      ;设置计数初值
        MOV   TL1,♯0F0H
        SETB   EA            ;开中断
        SETB   ET1
        SETB   TR1           ;启动 T1
        SJMP   $             ;等待中断
 DVT1：MOV   TL1,♯0F0H        ;重新装入初值
        MOV   TH1,♯0D8H
        CPL P1.0             ;P1.0 取反输出
        RETI                 ;中断返回
```

② C51 语言程序：

```
#include<reg51.h>
Sbit P1_0=P1^0;
Void main(void)
{
    TMOD=0x10;
    TH1=0xd8;
    TL1=0xf0;
    TR1=1;
    EA=1;
    ET1=1;
    while(1);
}
void Time1(void)interrupt 3 using 0    //"interrupt"声明函数为中断服务函数
                                       //其后的 3 为定时器 T0 的中断编号；0 表示使用第 0 组工作寄存器
    {
    P1_0=! P1_0;                       //按位取反操作，将 P1.0 引脚输出电平取反
    TH1=0xd8;                          //定时器 T1 的高 8 位重新赋初值
    TL1=0xf0;                          //定时器 T1 的高 8 位重新赋初值
    }
```

例 5：编写程序利用 T1 方式 1 定时，在 P1.0 端输出 0.5Hz 方波。设晶振频率为 12MHz。

解：(1) 对 TMOD 进行初始化与例 5.1.4 相同。

(2) 计算计数器初值

要输出 0.5Hz 的方波，其周期为 $T=1/0.5=2s$，只要在 P1.0 每隔 1s 交替输出高低电平即可实现，因此定时时间为 $1s=1000000\mu s$。

晶振频率为 12MHz，所以机器周期 $T_{cy}=1\mu s$。

但是单片机在方式 1 的最大定时时间为 $65536\mu s$，所以可以设置一个定时时间 $t=10ms$ 的定时器，每 100 个 10ms 将 P1.0 端输出取反一次，即实现了一个较长时间的定时。

则计数器初值为：

$$X=2^{16}-\frac{t}{T_{cy}}=65536-\frac{10000}{1}=55536=D8F0H$$

将低 8 位送 TL1，高 8 位送 TH1 得：(TH1)=0D8H，(TL1)=0F0H

(3) 编写程序 (中断方式)

① 汇编程序：

```
ORG    0000H
       LJMP    MAIN         ;跳转到主程序
       ORG    001BH         ;T1 的中断服务程序入口地址
       LJMP    DVT0         ;转向中断服务程序
       ORG    0100H
MAIN:MOV    TMOD,#10H       ;TMOD 初始化
       MOV    TH1,#0D8H     ;设置计数初值
       MOV    TL1,#0F0H
```

```
        SETB    EA              ;开中断
        SETB    ET1
         MOV    R2,#100
         SETB   TR1             ;启动 T1
         SJMP   $               ;等待中断
DVT0:MOV    TL1,#0F0H          ;重新装入初值
        MOV    TH1,#0D8H
        DJNZ    R7,NEXT
        MOV     R7,#100
        CPL     P1.0            ;P1.0 取反输出
  NEXT:  RETI                   ;中断返回
```

② C51 语言程序:

```
#include<reg51.h>            //包含 51 单片机寄存器定义的头文件
sbit D1=P1^0;                //将 D1 位定义为 P1.0 引脚
unsigned char Countor;       //设置全局变量,储存定时器 T0 中断次数
/ ************************************************************
函数功能:主函数
 ************************************************************ /
void main(void)
{
    EA=1;                    //开总中断
    ET1=1;                   //定时器 T1 中断允许
    TMOD=0x10;               //使用定时器 T1 的模式 1
    TH1=0xd8;                //定时器 T1 的高 8 位重新赋初值
    TL1=0xf0                 ;//定时器 T1 的高 8 位重新赋初值
    TR1=1;                   //启动定时器 T1
    Countor=0;               //从 0 开始累计中断次数
    while(1)//无限循环等待中断
      ;
}
/ ************************************************************
函数功能:定时器 T0 的中断服务程序
 ************************************************************ /
void Time1(void)interrupt 3 using 0   //"interrupt"声明函数为中断服务函数
                             //其后的 1 为定时器 T1 的中断编号;0 表示使用第 0 组工作寄存器
{
    Countor++;               //中断次数自加 1
    if(Countor==100)         //若累计满 100 次,即计时满 1s
{
    D1=~D1;                  //按位取反操作,将 P1.0 引脚输出电平取反
    Countor=0;               //将 Countor 清 0,重新从 0 开始计数
}
    TH1=0xd8;                //定时器 T1 的高 8 位重新赋初值
    TL1=0xf0;                //定时器 T1 的高 8 位重新赋初值
}
```

3. 方式 2

方式 2 为自动重装初值的 8 位计数方式。方式 2 中，T0 和 T1 的逻辑结构和操作完全相同的，以 T0 为例，其逻辑结构如图 4-6 所示。用 TL0 作为 8 位计数器，而 TH0 作为预置寄存器，用作保存计数初值。初始化时，把计数初值分别装入 TL0 和 TH0 中，在操作过程中，当 TL0 计数溢出时，便置位 TF0，同时预置寄存器 TH0 自动将初值重新装入 TL0 中，定时/计数器又进入新一轮的计数，如此循环重复不止。

这种方式非常适用于循环定时或循环计数的应用，它在串行数据通信中作为波特率发生器的使用。

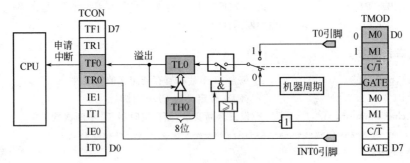

图 4-6　方式 2 逻辑结构图

8 位计数器 TL0 作计数器，TH0 作预置寄存器，计数溢出时，TH0 中的计数初值自动装入 TL0，即 TL0 是一个自动恢复初值的 8 位计数器。使用时，要把计数初值同时装入 TL0 和 TH0 中。优点是在计数器溢出后不需要软件重新赋初值，提高定时精度，减少了程序的复杂程度。工作方式 2 特别适合于用作较精确的脉冲信号发生器。

单片机工作于方式 2 时，其计数器的容量为 $2^8 = 256$。其计数器初值的设置方法如下：

定时方式　$X = 2^8 - \dfrac{t}{T_{cy}}$

计数方式　$X = 2^8 - N$

由方式 2 的特点可知，如果需要更长的定时时间或更大的计数范围，实现起来比方式 1 更为方便。

例 6：编程实现用 T1 以工作方式 2 计数，要求每计满 100 次进行累加器加 1 操作。

解：（1）根据 T1 的工作方式，对 TMOD 进行初始化。

按题意可设 GATE=0（用 TR1 位控制定时的启动和停止）

$C/\overline{T}=1$（置计数功能）

M1M0＝10（置方式 2）

所以（TMOD）＝0110　0000B＝60H

（2）计算计数器初值

采用方式 2 计数方式，计数个数 $N=100$

则计数器初值为：

$$X = 2^8 - N = 256 - 100 = 156 = 9CH$$

将初值送到 TL1 和 TH1 得：（TH1）＝9CH，（TL1）＝9CH

（3）编写程序（中断方式）

① 汇编程序：

```
        ORG   0000H
        LJMP   MAIN              ;跳转到主程序
        ORG   001BH              ;定时/计数器 1 中断服务程序入口地址
        INC   A
        RETI
        ORG   0300H
MAIN：MOV   TMOD,＃60H          ;TMOD 初始化
        MOV   TL1,＃9CH          ;首次计数初值
        MOV   TH1,＃9CH          ;装入循环计数初值
        SETB   EA                ;开中断
        SETB   ET1
        SETB   TR1                ;启动定时/计数器 1
        SJMP   $                  ;等待中断
```

② C51 语言程序：

```
＃include＜reg51.h＞            //包含 51 单片机寄存器定义的头文件
unsigned char Countor,A1；      //设置全局变量,储存定时器 T1 中断次数,累加数
/ ************************************************************
函数功能:主函数
 ************************************************************ /
void main(void)
{
        TMOD＝0x60；             //使用定时器 T0 的模式 1
        TH1＝0x9c；              //首次计数初值
        TL1＝0x9c；              //装入循环计数初值
        EA＝1；                  //开总中断
        ET1＝1；                 //定时器 T1 中断允许
        TR1＝1；                 //启动定时器 T1
        Countor＝0；             //从 0 开始累计中断次数
        while(1)；               //无限循环等待中断
}
/ ************************************************************
函数功能:定时器 T0 的中断服务程序
 ************************************************************ /
void Time1(void)interrupt 3 using 0   //"interrupt"声明函数为中断服务函数
                                      //其后的 1 为定时器 T0 的中断编号;0 表示使用第 0 组工作寄存器
{
        Countor＋＋；             //中断次数自加 1
        if(Countor＝＝100)       //累计满 100 次
        {
            A1＋＋；
            Countor＝0；          //将 Countor 清 0,重新从 0 开始计数
        }
}
```

4. 方式 3

方式 3 只适用于定时/计数器 T0,定时器 T1 处于方式 3 时相当于 TR1＝0,停止计数。

定时器 T0 在方式 3 下被拆成 2 个独立的 8 位计数器 TL0 和 TH0。其中 TL0 用原 T0 的控制位、引脚和中断源,即:C/$\overline{T}$、GATE、TR0、TF0 和 T0 引脚、$\overline{INT0}$ 引脚。除了仅用 8 位寄存器 TL0 外,其功能和操作与方式 0、方式 1 完全相同,可定时也可计数。此时 TH0 只可用作简单的内部定时功能。它占用原定时器 T1 的控制位 TR1 和 TF1,同时占用 T1 的中断源,其启动和关闭仅受 TR1 置 1 和清 0 控制。其逻辑结构如图 4-7 所示。

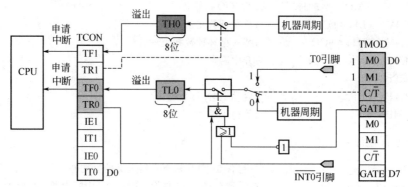

图 4-7 方式 3 逻辑结构图

定时器 T0 用作方式 3 时,由于 TR1 位已被 T0 占用,T1 只能工作在方式 0、方式 1 和方式 2。在这种情况下 T1 只能作波特率发生器使用,以确定串行通信的速率。作波特率发生器使用时,只要设置好工作方式,便可自动运行。如果要停止工作,只需要把 T1 设置在工作方式 3 就可以了。因为 T1 不能工作在方式 3 下,如果硬把它设置在方式 3,它就会停止工作。

 知识、技能归纳

1. 在定时/计数器的程序设计中,如果采用中断方式,主程序编程的一般方法
(1) 给堆栈指针重新赋值
(2) 关中断
① 可按字节操作,将 00H 写入 IE 中。(MOV IE,#00H)
② 也可按位操作,将 CPU 关中断或将对应的定时器关中断(CLR EA 或 CLR TF0、CLR TF1)。
(3) 清中断标志(将 TCON 清零)
(4) 设置工作方式和计算计数器初值
① 设置定时/计数器的工作方式 TMOD。
② 如果定时/计数器启动时需要考虑外部中断的状态时,设置外部中断的触发方式 IT0 和 IT1。
③ 计算加 1 计数器初值,并将初值送入 TH0(TH1)和 TL0(TL1)中。
(5) 启动定时/计数器
① GATE=0 时,将 TR0(TR1)置 1 即可。(SETB TR0 或 SETB TR1)
② GATE=1 时,先将 TR0(TR1)置 1,待$\overline{INT0}$引脚($\overline{INT1}$引脚)为高电平时,启动定时/计数器 T0(T1)。
(6) 开中断
① 可按字节操作,用 MOV 指令对 IE 进行设置。

② 也可按位操作，将 CPU 开中断，并将对应的定时器开中断（SETB　EA，SETB TF0，SETB　TF1）。

（7）等待中断

2. 编写程序时的注意问题

（1）正确编制定时器/计数器的初始化程序

包括定义 TMOD、写入定时初值、设置中断系统和启动定时器/计数器运行等。

（2）正确编制定时器/计数器中断服务程序

注意是否需要重装定时初值，若需要连续反复使用原定时时间，且未工作在方式 2，则应在中断服务程序中重装定时初值。

四、定时/计数器的编程举例

例 7：使用定时器/计数器 T0 的方式 0，设定 10ms 的定时。在 P1.0 引脚上产生周期为 20ms 的方波输出。晶体振荡器的频率为 $f_{osc}=6$MHz。

解：

（1）按题意，设置工作方式 TMOD

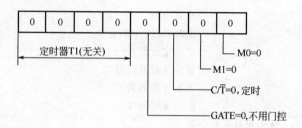

即（TMOD）＝00H

（2）计算计数器初值

定时时间 $t=10$ms

晶振频率为 6MHz，所以机器周期 $T_{cy}=2\mu$s

则计数器初值为：

$$X=2^{13}-\frac{t}{T_{cy}}=8192-\frac{10000}{2}=3192=\text{C78H}$$

将初值转换为 13 位二进制为 X＝0 1100 0111 1000B，将 X 的高 8 位送入 TH0，将 X 的低 5 位送入 TL0，TL0 高 3 位补 0。即：（TH0）＝63H，（TL0）＝15H

（3）编写程序

① 汇编程序：

```
         ORG      0000H
         LJMP     MAIN          ;转到主程序
         ORG      000BH         ;T0 中断矢量地址
         LJMP     PT0           ;转到中断服务程序
         ORG      0050H
MAIN:MOV      SP,#60H       ;堆栈指针重新赋值
         MOV      TMOD,#00H     ;设置 T0 为方式 0 定时
         MOV      TH0,#63H      ;装入计数器初值
         MOV      TL0,#15H
         SETB     TR0           ;启动 T0
```

```
        SETB      ET0                    ;允许 T0 中断
        SETB      EA                     ;CPU 开中断
        SJMP      $                      ;等待 T0 中断发生
        ORG       0100H                  ;T0 中断服务程序
PT0:    MOV       TH0,#63H               ;重装计数器初值
        MOV       TL0,#15H
        CPL       P1.0                   ;P1.0 取反输出
        RETI                             ;中断返回
```

② C51 语言程序：

```
#include<reg51.h>                  //包含 51 单片机寄存器定义的头文件
sbit P1_0=P1^0;                    //将 D1 位定义为 P1.0 引脚
/*********************************************************
函数功能:主函数
*********************************************************/
void main(void)
{
    EA=1;                          //开总中断
    ET0=1;                         //定时器 T0 中断允许
    TMOD=0x00;                     //使用定时器 T0 的模式 1
    TH0=0x63                       //装入计数器初值
    TL0=0x015;                     //装入计数器初值
    TR0=1;                         //启动定时器 T0
        while(1);//无限循环等待中断
        }
/*********************************************************
函数功能:定时器 T0 的中断服务程序
*********************************************************/
void Time0(void)interrupt 1 using 0   //"interrupt"声明函数为中断服务函数
                               //其后的 1 为定时器 T0 的中断编号;0 表示使用第 0 组工作寄存器
{
        do{}
        while(! TF0);
        P1_0=! P1_0;
        TH0=0x63;                  //重装入计数器初值
        TL0=0x015;                 //重装入计数器初值
}
```

例 8：试设定定时器/计数器 T0 为计数方式 2。当 T0 引脚出现负跳变时，向 CPU 申请中断。

解：

(1) 根据 T0 的工作方式，对 TMOD 进行初始化。

按题意可设 GATE=0（用 TR0 位控制定时的启动和停止），

$C/\overline{T}=1$（置计数功能），

M1M0=10（置方式 2），

所以（TMOD）=0000 0110B=06H。

（2）计算计数器初值

当 T0 引脚出现负跳变时，即向 CPU 申请中断，即当计数器计数到 2^8 时就会溢出，设计数初值为 X，再计数一次计数器就溢出，用公式表示为 $X+1=2^8$，所以 $X=2^8-1=255=11111111B=0FFH$。

将初值送入到 TH0 和 TL0 中，$(TH0)=0FFH$，$(TL0)=0FFH$

（3）编写程序

① 汇编程序：

```
            ORG     0000H
            LJMP    MAIN            ;转到主程序
            ORG     000BH           ;T0 的中断入口地址
            AJMP    INTS            ;转到中断服务程序
            ORG     0100H           ;主程序
    MAIN：MOV      SP,#60H          ;堆栈指针重新赋值
            MOV     TMOD，#06H       ;设 T0 工作方式
            MOV     TL0，#0FFH       ;设 TL0 初值
            MOV     TH0，#0FFH       ;设 TH0 初值
            SETB    TR0             ;启动计数
            SETB    ET0             ;允许 T0 中断
            SETB    EA              ;CPU 开中断
            SJMP    $               ;等待 T0 中断发生
            ORG     0200H           ;中断处理程序
    INTS：PUSH     A               ;保护现场
            PUSH    DPL
            PUSH    DPH
            ……                      ;省略了中断服务程序
            POP     DPH             ;现场恢复
            POP     DPL
            POP     A
            RETI    ;中断返回
```

② C51 语言程序：

```c
#include<reg51.h>
Void main(void)
{
    TMOD=0x06;
    TRO=1
    TH0=0xff;
    TL0=0xff;
    ET0=1;
    EA=1;
    while(1);
    }
}
void Time0(void)interrupt 1 using 0
  {
```

```
        TH0＝0xff；
        TL0＝0xff；
}
```

例 9：利用定时器/计数器，测定如图 4-8 所示波形的一个周期长度（每秒脉冲数低于 3 个）。

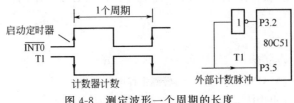

图 4-8　测定波形一个周期的长度

解：本题是利用门控位 GATE＝1 时启动定时器的方法。设如图 4-8 所示定时器/计数器 T0 为定时器。外部中断 0 引脚为高电平时，启动定时器；定时器/计数器 T1 为计数器，T1 的电平由 1 到 0，计数器计数。

（1）根据 T0 和 T1 的工作方式，对 TMOD 进行初始化。

① 设置 T1 工作方式

按题意可设 GATE＝0（用 TR1 位控制定时的启动和停止）；

$C/\overline{T}＝1$（置计数功能）；

M1M0＝01（置方式 1）。

② 设置 T0 工作方式

按题意可设 GATE＝1（用 TR0 位和外部中断 0 控制定时的启动和停止）；

$C/\overline{T}＝0$（置定时功能）；

M1M0＝01（置方式 1）；

所以（TMOD）＝0101 1001B＝59H。

（2）计算计数器初值

当每秒脉冲数低于 3 个时，每个脉冲周期 330ms 左右，故而设置定时器的基本定时为 100ms，可以满足测时的精度要求。

① 计算 T1 计数器初值

T1 为计数器。计数值为 2，当计数 1 时，启动定时器；当计数 2 时，中断计数器 T1，并停止定时器 T0 的定时；中断方式，其优先级高于定时器 T0。

$$X＝65536－2＝65534＝FFFEH，$$

将初值送入 TH1 和 TL1 为：（TH1）＝0FFH，（TL1）＝0FEH。

② 计算 T0 计数器初值

定时时间 $t＝100ms$

晶振频率为 6MHz，所以机器周期 $T_{cy}＝2\mu s$

$$N＝10000÷2＝50000$$

$$X＝2^{16}－50000＝15536＝3CB0H$$

将初值送入 TH0 和 TL0 为：（TH0）＝3CH，（TL0）＝0B0H。

（3）编写程序

① 汇编程序：

```
        ORG     0000H
        AJMP    MAIN
```

```
           ORG      000BH                    ;T0 的中断入口地址
           AJMP     TIME0                    ;转入 T0 中断程序
           ORG      001BH                    ;T1 的中断入口地址
           AJMP     TIME1                    ;转入 T1 中断程序
           ORG      0050H
MAIN：     MOV      SP，＃60H                ;设置堆栈指针初值
           MOV      R3，＃0                  ;清除软件计数器
           SETB     P3.2                     ;将 P3.2,P3.5 置 1,即为输入状态
           SETB     P3.5
           MOV      TMOD，＃59H              ;设置工作方式
           MOV      TH0，＃3CH               ;装入定时器初值
           MOV      TL0，＃0B0H
           MOV      TH1，＃0FFH              ;装入计数器初值
           MOV      TL1，＃0FEH
           SETB     TR0                      ;启动定时器、计数器
           SETB     TR1
           MOV      IP，＃08H                ;设置 T1 优先级高于 T0
           SETB     ET1                      ;T1 开中断
           SETB     TF1                      ;设 TF0、TF1 为中断标志
LOOP：     SETB     TF0
           SETB     ET0                      ;T0 开中断
           SETB     EA                       ;CPU 开中断
           JB  TF0, $                        ;判断 TF0 是否溢出,并一直等待
           JB  TF1,LOOP                      ;判断 TF1 是否溢出,如果溢出就转到 LOOP
TIME0：    MOV      TL0，＃0B0H              ;设 TL0 初值
           MOV      TH0，＃3CH               ;设 TH0 初值
           INC      R3                       ;计数器加 1
           CPL      TF0                      ;TF0 取反
           RETI                              ;中断返回
TIME1：CLR      TF0                          ;清除中断标志
       CLR      TF1
       CLR      ET0                          ;禁止 T0、T1 中断
       CLR      ET1
       CLR      EA                           ;关中断
       RETI                                  ;中断返回
```

② C51 语言程序：

```
＃include＜reg51.h＞
SbitP3.2＝P3^2;
SbitP3.5＝P3^5;
Void zihanshu(void)
{
        TF0＝1;
        ET0＝1;
     EA＝1;
}
```

```
Void main(void)
{
    P3.2=1;
    P3.5=1;
    TMOD=0x59;
    TH0=0x3c;
    TL0=0xb0;
    TH1=0xff;
    TL1=0xfe;
    TRO=1;
    TR1=1;
    IP=0x08;
    ET1=1;
    EA=1;
    TF1=1
while(1)
  {
        do{}
        while(! TF1);
        zihanshu();
  }
}
void Time0(void)interrupt 1 using 0
  {
    TH0=0xb0;
    TL0=0x3c;
    TF0=~TF0;
  }
void Time1(void)interrupt 3 using 0
  {
        TF0=0;清除中断标志
        TF1=0;
        ET0=0;
        ET1=0;
        EA=0;
  }
```

 知识、技能拓展

定时/计数器用于外部中断扩展

在单片机控制系统中，外部中断的使用非常重要，通过它可以中断 CPU 的运行，转去处理更为紧迫的外部事务，如报警、电源掉电保护等。

80C51 单片机仅提供了两个外部中断源，在实际控制系统中可能出现多个外部中断，因此有必要对外部中断源进行扩展。

可以利用定时器溢出中断扩展外部中断源，即把内部不使用的定时/计数器出借给外部中断使用，方法如下。

将定时/计数器设置为计数器方式，80C51 单片机闲置的定时/计数器的初值设为全 1，将待扩展的外部中断源接到定时/计数器的外部计数引脚。从该引脚输入一个下降沿信号，计数器加 1 后便产生定时/计数器溢出中断。

例 10：利用 T0 扩展一个外部中断源。将 T0 设置为计数器方式，按方式 2 工作，TH0、TL0 的初值均为 0FFH，T0 允许中断，CPU 开放中断。其初始化程序如下：

```
        MOV   TMOD,#06H            ;置 T0 为计数器方式 2
        MOV   TL0,#0FFH            ;置计数初值
        MOV   TH0,#0FFH
        SETB TR0                   ;启动 T0 工作
        SETB EA                    ;CPU 开中断
        SETB ET0                   ;允许 T0 中断
          ⋮
        中断服务程序
          ⋮
        RETI
```

C51 语言程序：
```
#include<reg51.h>
Void main(void)
{
        TMOD=0x06;
        TR0=1
        TH0=0xff;
        TL0=0xff;
        EA=1;
        ET0=1;
}
void Time0(void)interrupt 1
{
        ⋯⋯⋯⋯
}
```

任务二　80C51 定时器电路的应用

一、任务目的

利用单片机的定时器实现较长时间的定时间隔。

二、任务要求

P1.0 口线接一个发光二极管，用于演示 1s 时到的效果。若程序正确，发光二极管应是亮 1s，然后暗 1s，交替进行。

三、秒时钟电路的设计与制作

根据任务要求可以设计一个用于显示秒时钟的电路，即使发光二极管亮灭状态每秒钟改变一次，为了增加电路的功能，可以实现测试外部中断引入的脉冲宽度的测试。因为在前面

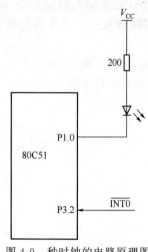

的训练项目中已经制作的最小系统的目标板，则在本项目中只要设计出发光二极管和外部中断 0 的引出端的目标板即可。秒时钟的电路原理图如图 4-9 所示。测试器件后，按照电路原理图将器件焊接到电路板上，制作秒时钟电路的目标板。根据原理图制作的目标板。

图 4-9 秒时钟的电路原理图

四、秒时钟电路的软件设计

功能要求：产生一个秒脉冲（定时 1s）使得 P1.0 的发光二极管每 1s 亮灭变化 1 次。

采用定时器 T0，工作在方式 1，启动和停止只由 TR0 控制，$f_{osc}=12MHz$，所以机器周期 $T_{cy}=1\mu s$，采用中断方式，每隔 50ms 中断 1 次，每中断 20 次使得 P1.0 的发光二极管的状态改变 1 次。

（1）设置工作方式（TMOD）

根据 T0 的工作方式，对 TMOD 进行设置

按题意可设 GATE＝0（用 TR0 位控制定时的启动和停止），

$C/\overline{T}=0$（置定时功能），

M1M0＝01（置方式 1），

所以（TMOD）＝000 0001B＝01H。

（2）计算加 1 计数器的初始值送到 TH0 和 TL0 中

定时时间
$$t=(2^{16}-X)T_{cy}$$
$$50ms=50000\mu s=(65536-X)\times1\mu s$$
$$65536-X=50000$$
$$X=15536=3CB0H$$

装入初值：（TH0）＝3CH，（TL0）＝0B0H

（3）启动定时计数器工作，将 TR 0 置 1

SETB TR0

（4）如果采用中断方式就将 T0 开中断，并且将 CPU 开中断

SETB ET0

SETB EA

程序清单：

① 汇编程序

```
    ORG     0000H           ;复位后 PC 所指示的地址
    LJMP    MAIN            ;跳转到主程序
    ORG     000BH           ;定时/计数器 T0 中断服务程序入口地址
    LJMP    T0SERVE         ;跳转到 T0 中断服务程序
    ORG     0050H           ;主程序所在的地址
MAIN:MOV   SP,#60H          ;给堆栈指针重新赋值
    MOV   TMOD,#01H         ;对 TMOD 赋值
    MOV   TL0,#0B0H         ;对 TH0、TL0 赋初值
    MOV   TH0,#3CH;
    SETB  EA                ;CPU 开中断
```

```
        SETB   ET0              ;T0 开中断
        MOV    R2,#14H          ;给中断次数计数器赋值
        SETB   TR0              ;启动定时/计数器 T0
HERE:SJMP   HERE                ;主程序结束
T0SERVE:MOV  TL0,#0B0H          ;对 TH0、TL0 重新赋初值
        MOV    TH0,#3CH;
        DJNZ   R2,LOOP          ;判断中断的次数是否达到 20 次
        MOV    R2,#14H          ;定时时间达到 1s,重新给中断次数计数器赋值
        CPL    P1.0             ;定时时间达到 1s,对 P1.0 取反,实现 LED 灯亮 1s、暗 1s 的效果
LOOP:RETI                       ;中断返回
        END                     ;程序结束
```

② C51 语言程序

```
#include<reg51.h>              //包含 51 单片机寄存器定义的头文件
sbit D1=P1^0;                  //将 D1 位定义为 P1.0 引脚
unsigned char Countor;         //设置全局变量,储存定时器 T0 中断次数
/ ************************************************************
函数功能:主函数
************************************************************* /
void main(void)
{
    EA=1;                      //开总中断
    ET0=1;                     //定时器 T0 中断允许
    TMOD=0x01;                 //使用定时器 T0 的模式 1
    TH0=0x3c;                  //定时器 T0 的高 8 位赋初值
    TL0=0xb0;                  //定时器 T0 的高 8 位赋初值
    TR0=1;                     //启动定时器 T0
    Countor=0;                 //从 0 开始累计中断次数
    while(1)                   //无限循环等待中断
        ;
}
/ ************************************************************
函数功能:定时器 T0 的中断服务程序
************************************************************* /
void Time0(void)interrupt 1 using 0   //"interrupt"声明函数为中断服务函数
                               //其后的 1 为定时器 T0 的中断编号;0 表示使用第 0 组工作寄存器
{
    Countor++;                 //中断次数自加 1
    if(Countor==20)            //若累计满 20 次,即计时满 1s
{
    D1=~D1;                    //按位取反操作,将 P1.0 引脚输出电平取反
        Countor=0;             //将 Countor 清 0,重新从 0 开始计数
    }
    TH0=0x3c;//定时器 T0 的高 8 位重新赋初值
    TL0=0xb0;//定时器 T0 的高 8 位重新赋初值
}
```

五、秒时钟电路的调试

1. 用 Keil 软件编写和编译汇编语言程序如图 4-10 所示。

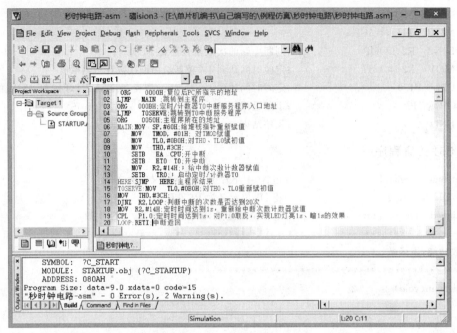

图 4-10　程序界面（一）

编译生成了秒时钟电路.hex 文件，通过 Proteus 软件用于下载到单片机仿真运行如图 4-11 所示。

2. 用 Keil 软件编写和编译 C51 语言程序如图 4-12 所示。

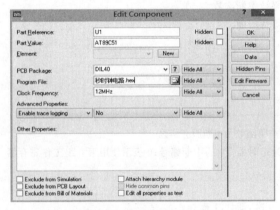

图 4-11　程序界面（二）

图 4-12　程序界面（三）

编译生成了秒时钟电路.hex 文件，通过 Proteus 软件用于下载到单片机仿真运行如图 4-13 所示。

3. 用虚拟开发工具 Proteus 软件仿真

① 在 Proteus 软件中绘制电路如图 4-14 所示。

② 将 Keil 软件编写的程序，转换为 *.hex 文件，与 Proteus 软件进行联调，将程序添

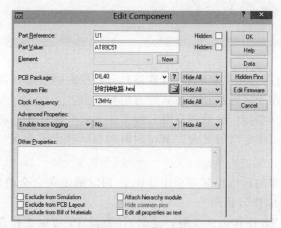

图 4-13 仿真运行

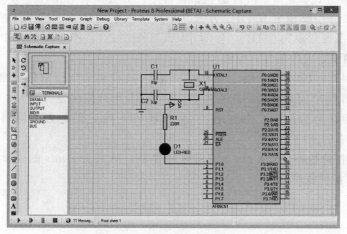

图 4-14 绘制电路图

加到 AT89C52 单片机中，运行如图 4-15 所示。

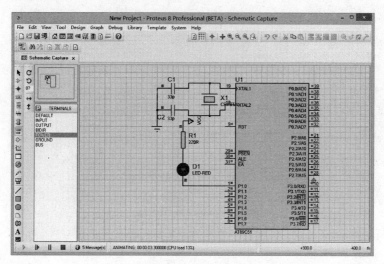

图 4-15

【课后练习】

1. 80C51 单片机内部有几个定时器/计数器？它们是由哪些寄存器组成？

2. 定时/计数器工作于定时和计数方式时有何异同点？

3. 80C51 单片机的定时器/计数器有哪几种工作方式？各有什么特点？

4. 定时器/计数器用作定时方式时，其定时时间与哪些因素有关？作计数时，对外界计数频率有何限制？

5. 要求定时/计数器的运行控制完全由 TR1、TR0 确定和完全由 $\overline{INT0}$、$\overline{INT1}$ 高低电平控制时，其初始化编程应作何处理？

6. 当定时/计数器 T0 用作方式 3 时，定时/计数器 T1 可以工作在何种方式下？如何控制 T1 的开启和关闭？

7. 编写用 T0 方式 2 定时 200μs 的初始化程序，晶振频率 12MHz。

8. 要求从 P1.1 引脚输出 1000Hz 方波，晶振频率为 12MHz。试设计程序。

9. 设单片机晶振频率为 6MHz，使用 T1 以工作方式 1，产生周期为 500μs 的等宽正方波，并由 P1.0 输出，以中断方式编程。

10. 利用定时/计数器 T0 产生定时时钟，由 P1 口控制 8 个指示灯。编一个程序，使 8 个指示灯依次一个一个闪动，闪动频率为 20 次/秒（8 个灯依次亮一遍为一个周期）。

11. 若晶振频率为 12MHz，如何用 T0 来测量 20～1s 之间的方波周期？又如何测量频率为 0.5MHz 左右的脉冲频率？

12. 利用定时/计数器 T0 从 P1.0 输出周期为 1s，脉宽为 20ms 的正脉冲信号，晶振频率为 12MHz。试设计程序。

第五章 单片机的AD和DA接口

任务一　D/A 转换器的原理及主要技术指标

在现代控制、通信及检测等领域，微机系统输出的数字信号需要将其转换为相应模拟信号才能为执行机构所接受。在本任务中通过对 D/A 转换原理及常用转换芯片的介绍，掌握单片机 D/A 转换的过程。

一、D/A 转换器的基本原理及分类

计算机输出的数字信号首先传送到数据锁存器（或寄存器）中，然后由模拟电子开关把数字信号的高低电平变成对应的电子开关状态。当数字量某位为 1 时，电子开关就将基准电压源 V_{REF} 接入电阻网络的相应支路；若为 0 时，则将该支路接地。各支路的电流信号经过电阻网络加权后，由运算放大器求和并变换成电压信号，作为 D/A 转换器的输出。目前常用的数/模转换器是由 T 形电阻网络构成的，一般称其为 T 形电阻网络 D/A 转换器。如图5-1 所示。

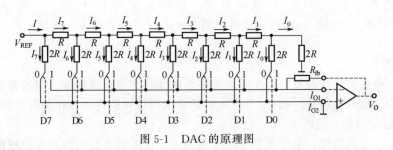

图 5-1　DAC 的原理图

该电路是一个 8 位 D/A 转换器。V_{REF} 为外加基准电源，R_{fb} 为外接运算放大器的反馈电阻。D7～D0 为控制电流开关的数据。由图可以得到

$I = V_{REF}/R$

$I_7 = I/2^1$, $I_6 = I/2^2$, $I_5 = I/2^3$, $I_4 = I/2^4$, $I_3 = I/2^5$, $I_2 = I/2^6$, $I_1 = I/2^7$, $I_0 = I/2^8$

当输入数据 D7～D0 为 1111 1111B 时，有：

$I_{O1} = I_7 + I_6 + I_5 + I_4 + I_3 + I_2 + I_1 + I_0 = (I/2^8) \times (2^7 + 2^6 + 2^5 + 2^4 + 2^3 + 2^2 + 2^1 + 2^0)$

$I_{O2} = 0$

若 $R_{fb} = R$，则

$V_O = -I_{O1} \times R_{fb}$

$\quad\ = -I_{O1} \times R$

$$= -((V_{\text{REF}}/R)/2^8) \times (2^7 + 2^6 + 2^5 + 2^4 + 2^3 + 2^2 + 2^1 + 2^0)R$$
$$= -(V_{\text{REF}}/2^8) \times (2^7 + 2^6 + 2^5 + 2^4 + 2^3 + 2^2 + 2^1 + 2^0)$$

由此可见，输出电压 V_O 的大小与数字量具有对应的关系。这样就完成了数字量到模拟量的转换。

D/A 转换器的种类很多。依数字量的位数分为 8 位、10 位、12 位、16 位 D/A 转换器；依数字量的数码形式分为二进制码和 BCD 码 D/A 转换器；依数字量的传送方式分为并行和串行 D/A 转换器；依 D/A 转换器输出方式分，有电流输出型和电压输出型 D/A 转换器。

早期的 D/A 转换芯片只具有电流输出型的，且不具有输入寄存器。所以在单片机应用系统中使用这种芯片必须外加数字输入锁存器、基准电压源以及输出电压转换电路。这一类芯片主要有 DAC0800 系列（美国 National Semiconductor 公司生产）、AD7520 系列（美国 Analog Devices 公司生产）等。

中期的 D/A 转换芯片在芯片内增加了一些与计算机接口相关电路及控制引脚，具有数字输入寄存器，能和 CPU 数据总线直接相连。通过控制端，CPU 可直接控制数字量的输入和转换，并且可以采用与 CPU 相同的 +5V 电源供电。这类芯片特别适用于单片机应用系统的 D/A 转换接口。这类芯片有 DAC0830 系列，AD7524 等。

近期的 D/A 转换器将一些 D/A 转换外围器件集成到了芯片的内部，简化了接口逻辑，提高了芯片的可靠性及稳定性。如芯片内部集成有基准电压源、输出放大器，及可实现模拟电压的单极性或双极性输出等。这类芯片有 AD558、DAC82、DAC811 等。

二、D/A 转换器的主要性能指标

1. 分辨率

分辨率是指输入数字量的最低有效位（LSB）发生变化时，所对应的输出模拟量（常为电压）的变化量。它反映了输出模拟量的最小变化值。

分辨率与输入数字量的位数有确定的关系，可以表示成 $FS/2^n$。FS 表示满量程输入值，n 为二进制位数。对于 5V 的满量程，采用 8 位的 DAC 时，分辨率为 $5V/2^8 = 19.5mV$；当采用 12 位的 DAC 时，分辨率则为 $5V/2^{12} = 1.22mV$。显然，位数越多分辨率就越高。

2. 线性度

线性度（也称非线性误差）是实际转换特性曲线与理想直线特性之间的最大偏差。常以相对于满量程的百分数表示。如 $\pm 1\%$ 是指实际输出值与理论值之差在满刻度的 $\pm 1\%$ 以内。

3. 绝对精度和相对精度

绝对精度（简称精度）是指在整个刻度范围内，任一输入数码所对应的模拟量实际输出值与理论值之间的最大误差。绝对精度是由 DAC 的增益误差（当输入数码为全 1 时，实际输出值与理想输出值之差）、零点误差（数码输入为全 0 时，DAC 的非零输出值）、非线性误差和噪声等引起的。绝对误差（即最大误差）应小于 1 个 LSB。

相对精度与绝对精度表示同一含义，用最大误差相对于满刻度的百分比表示。

4. 建立时间

建立时间是指输入的数字量发生满刻度变化时，输出模拟信号达到满刻度值的 $\pm 1/2$LSB 所需的时间，是描述 D/A 转换速率的一个动态指标。

电流输出型 DAC 的建立时间短。电压输出型 DAC 的建立时间主要决定于运算放大器的响应时间，根据建立时间的长短，可以将 DAC 分成超高速（$<1\mu s$）、高速（$10 \sim 1\mu s$）、中速（$100 \sim 10\mu s$）、低速（$\geqslant 100\mu s$）几档。

应当注意，精度和分辨率具有一定的联系，但概念不同。DAC 的位数多时，分辨率会提高，对应于影响精度的量化误差会减小。但其他误差（如温度漂移、线性不良等）的影响仍会使 DAC 的精度变差。

三、DAC0832 芯片及其与单片机的接口

1. DAC 0832 的内部结构

DAC 0832 是 8 位分辨率的 D/A 转换集成芯片，与微处理器完全兼容，以其价格低廉、接口简单、转换控制容易等优点，在单片机应用系统中得到了广泛的应用。其内部逻辑结构如图 5-2 所示。

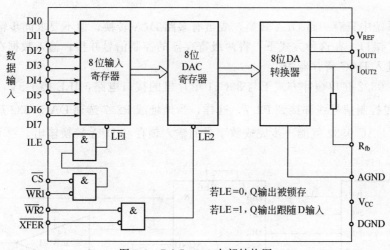

图 5-2　DAC 0832 内部结构图

图中可见 DAC 0832 主要由两个 8 位寄存器和一个 8 位的 D/A 转换器组成。使用两个寄存器的好处是可以进行两次缓冲操作，以致能简化某些应用系统中的硬件接口电路设计。

2. DAC 0832 的引脚及功能

DAC 0832 的引脚图如图 5-3 所示。

各引脚功能如下：

DI0～DI7：数据输入线，TTL 电平。

ILE：数据锁存允许控制信号输入线，高电平有效。

$\overline{CS}$：片选信号输入线，低电平有效。

$\overline{WR1}$：为输入寄存器的写选通信号，输入寄存器的

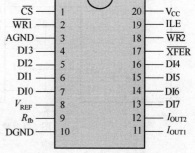

图 5-3　DAC0832 引脚图

锁存信号$\overline{LE1}$由 ILE、$\overline{CS}$、$\overline{WR1}$的逻辑组合产生。当 ILE 为高电平、$\overline{CS}$为低电平、$\overline{WR1}$输入负脉冲（宽度应大于 500ns）时，在 LE1 产生正脉冲；当$\overline{LE1}$为高电平时，输入锁存器的状态随数据输入线的状态变化，$\overline{LE1}$的负跳变将数据线上的信息锁存入寄存器。

$\overline{XFER}$：数据传送控制信号输入线，低电平有效。

$\overline{WR2}$：为 DAC 寄存器写选通输入线。DAC 寄存器的锁存信号$\overline{LE2}$由$\overline{XFER}$、$\overline{WR2}$的逻辑组合产生。当$\overline{XFER}$为低电平、$\overline{WR2}$输入负脉冲时，则在 LE2 产生正脉冲；$\overline{LE2}$为高电平

时，DAC 寄存器的输出和输入寄存器状态一致；$\overline{LE2}$ 的负跳变，使输入寄存器的内容存入 DAC 寄存器。

I_{OUT1}：电流输出线，当输入全为 1 时 I_{OUT1} 最大。

I_{OUT2}：电流输出线，其值与 I_{OUT1} 之和为一常数。

R_{fb}：反馈信号输入线，芯片内部有反馈电阻。

V_{CC}：电源输入线（+5～+15V）。

V_{REF}：基准电压输入线（−10～+10V）。

AGND：模拟地，模拟信号和基准电源的参考地。

DGND：数字地，两种地线在基准电源处共地比较好。

3. 电路

若应用系统中只有一路 D/A 转换，或虽有多路 D/A 转换，但不要求同步输出时，可采用单缓冲方式接口。在这种方式下，将两级寄存器的控制信号并接，输入数据在控制信号作用下，直接进入 DAC 寄存器中。

图 5-4 为 0832 在单缓冲方式下与 80C51 单片机的接口电路，ILE 接 +5V，片选信号线 $\overline{CS}$ 和数据传送控制信号线都接到 P2.7。这样，当地址线 P2.7 选通 DAC 0832 后，只要输出 $\overline{WR}$ 信号，则 DAC 0832 就能一步完成数字量的输入锁存和 D/A 转换输出。

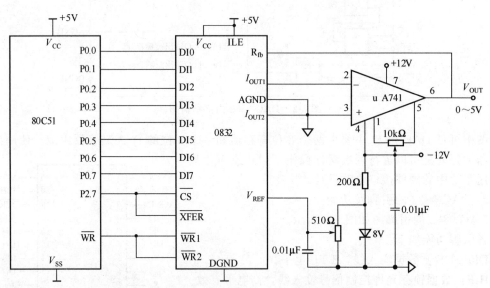

图 5-4 80C51 单片机与 DAC0832 的接口电路

4. 编程

由图 5-4 可编出多种波形输出的 D/A 转换程序，举例如下。

（1）产生锯齿波的程序

```
START:      MOV   DPTR,#7FFFH       ;选中 DAC 0832
STEP1:      MOV   A,#00H            ;置初值为 00H
STEP2:      MOVX  @DPTR,A           ;D/A 转换
            INC   A                 ;A 中内容加 1
            CJNE  A,#DATA,STEP2     ;不等于设置值 #DATA 时转移
            AJMP  STEP1             ;重复执行
```

程序中♯DATA 为用户设置的锯齿波峰值。

（2）产生阶梯波形的程序

```
START:      MOV   DPTR,♯7FFFH        ;选中 DAC 0832
            MOV   R4,♯0FFH
            MOV   A,♯00H
LOOP1:      MOVX  @DPTR,A            ;D/A 转换
            ACALL  DELAY             ;调用延时程序
            ADD   A,R6               ;加阶跃值
            DJNZ   R4,LOOP1          ;重复次数到否
            AJMP   STEP
```

任务二　A/D 转换器工作原理及技术指标

由于微机系统输入的实际对象是一些模拟量（如温度、压力、位移、图像等），要使计算机或数字仪表能识别、处理这些信号，必须首先将这些模拟信号转换成数字信号。将模拟量转换成数字量的器件称为模/数转换器（ADC）。

随着大规模集成电路技术迅速发展，A/D 转换器新品不断推出。按工作原理分，ADC 的主要种类有：逐次逼近式、双积分式、计数比较式或并行式。下面介绍最常用的逐次逼近式 ADC 和双积分式 ADC 的转换原理

一、逐次逼近式 ADC 的转换原理

图 5-5 是逐次逼近式 ADC 的工作原理图。由图可见，ADC 由比较器、D/A 转换器、逐次逼近寄存器和控制逻辑组成。

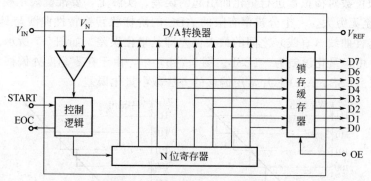

图 5-5　逐次逼近式 ADC 原理图

在时钟脉冲的同步下，控制逻辑先使 N 位寄存器的 D7 位置 1（其余位为 0），此时该寄存器输出的内容为 80H，此值经 DAC 转换为模拟量输出 V_N，与待转换的模拟输入信号 V_{IN} 相比较，若 V_{IN} 大于等于 V_N，则比较器输出为 1。于是在时钟脉冲的同步下，保留 D7＝1，并使下一位 D6＝1，所得新值（C0H）再经 DAC 转换得到新的 V_N，再与 V_{IN} 比较，重复前述过程；反之，若使 D7＝1 后，经比较若 V_{IN} 小于 V_N，则使 D7＝0，D6＝1，所得新值 V_N 再与 V_{IN} 比较，重复前述过程。以此类推，从 D7 到 D0 都比较完毕，转换便结束。转换结束时，控制逻辑使 EOC 变为高电平，表示 A/D 转换结束，此时的 D7～D0 即为对应于模拟输入信号 V_{IN} 的数字量。

二、双积分式 ADC 的转换原理

图 5-6 是双积分式 ADC 的工作原理图。控制逻辑先对未知的输入模拟电压 V_{IN} 进行固定时间 T 的积分，然后转为对标准电压进行反向积分，直至积分输出返回起始值。对标准电压的积分的时间 T_1（或 T_2）正比于模拟输入电压 V_{IN}。输入电压大，则反向积分时间长。用高频率标准时钟脉冲来测量积分时间 T_1（或 T_2），即可得到对应于模拟电压 V_{IN} 的数字量。

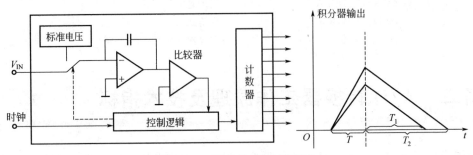

图 5-6 双积分式 ADC 原理图

三、A/D 转换器的主要技术指标

1. 分辨率

ADC 的分辨率是指使输出数字量变化一个相邻数码所需输入模拟电压的变化量。常用二进制的位数表示。例如 12 位 ADC 的分辨率就是 12 位，或者说分辨率为满刻度 FS 的 $1/2^{12}$。一个 10V 满刻度的 12 位 ADC 能分辨输入电压变化最小值是 $10V \times 1/2^{12} = 2.4mV$。

2. 量化误差

ADC 把模拟量变成数字量，用数字量近似表示模拟量，这个过程称为量化。量化误差是 ADC 的有限位数对模拟量进行量化而引起的误差。实际上，要准确表示模拟量，ADC 的位数需很大甚至无穷大。一个分辨率有限的 ADC 的阶梯状转换特性曲线与具有无限分辨率的 ADC 转换特性曲线（直线）之间的最大偏差即是量化误差。如图 5-7 所示。

图 5-7(a) 中，量化误差为 $-1LSB$。图 5-7(b) 中，由于在零刻度处偏移了 $1/2LSB$，故量化误差为 $\pm 1/2LSB$。A/D 芯片常用偏移的方法减小量化误差。

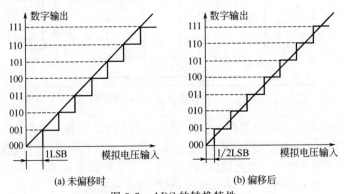

图 5-7 ADC 的转换特性

量化误差和分辨率有相应的关系，分辨率高的 A/D 转换器具有较小的量化误差。

3. 偏移误差

偏移误差是指输入信号为零时，输出信号不为零的值，所以有时又称为零值误差。假定

ADC 没有非线性误差，则其转换特性曲线各阶梯中点的连线必定是直线，这条直线与横轴相交点所对应的输入电压值就是偏移误差。

4. 满刻度误差

满刻度误差又称为增益误差。ADC 的满刻度误差是指满刻度输出数码所对应的实际输入电压与理想输入电压之差。

5. 线性度

线性度有时又称为非线性度，它是指转换器实际的转换特性与理想直线的最大偏差。

6. 绝对精度

在一个转换器中，任何数码所对应的实际模拟量输入与理论模拟输入之差的最大值，称为绝对精度。对于 ADC 而言，可以在每一个阶梯的水平中点进行测量，它包括了所有的误差。

7. 转换速率

ADC 的转换速率是能够重复进行数据转换的速度，即每秒转换的次数。而完成一次 A/D 转换所需的时间（包括稳定时间），则是转换速率的倒数。

四、ADC0809 的内部结构

ADC0809 内部结构如图 5-8 所示，其中包括 8 路模拟量选通开关、通道地址锁存器与译码器、8 位 A/D 转换器和三态输出锁存器。多路开关接 8 路模拟量输入，可对 8 路 0～5V 的输入模拟电压信号分时进行转换，输出具有 TTL 三态锁存器，可直接连接到单片机数据总线上。

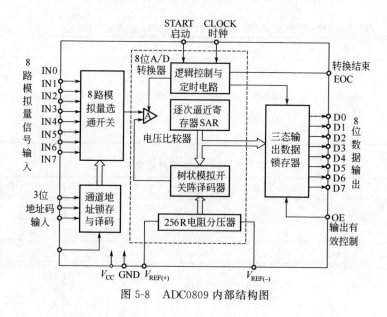

图 5-8 ADC0809 内部结构图

五、ADC 0809 的引脚功能

ADC 0809 的引脚如图 5-9 所示，各引脚功能如下。

IN0～IN7：8 路模拟量输入端口。

D0～7：8 位数字量输出端口。

START：启动控制输入端口。加正脉冲后 A/D 转换开始。

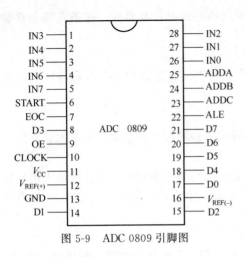

图 5-9　ADC 0809 引脚图

ALE：地址锁存控制端口。高电平时把三个地址信号送入地址锁存器，并经译码器得到地址输出，以选择相应的模拟输入通道。

EOC：转换结束信号输出端。转换开始后，EOC 信号变低；转换结束时，EOC 返回高电平。这个信号可以作为 A/D 转换器的状态信号供查询，也可以用作中断请求信号。

OE：输出允许控制端口。OE 端的电平由低变高时，打开输出锁存器，将转换结果的数字量送到数据总线上。

CLOCK：时钟信号端口。

$V_{REF(+)}$ 和 $V_{REF(-)}$：参考电压输入端口。一般 $V_{REF(+)}$ 与 V_{CC} 相连，$V_{REF(-)}$ 与 GND 相连，此时转换关系见表 5-1。

被转换的模拟电压为 $V_{REF(+)}$ 与 $V_{REF(-)}$ 之差。

ADDA～ADDC：8 路模拟开关的 3 位地址选通输入端。用以选择对应的输入通道，其对应关系见表 5-2。

V_{CC}：电源电压。

GND：地。

ADC 0809 输入/输出关系和地址与通道对应关系见表 5-1，表 5-2。

表 5-1　ADC 0809 输入/输出关系 （$V_{REF(+)}=5V$、$V_{REF(-)}=0V$）

输　入/V	输　出
0	0000 0000
⋮	⋮
2.5	1000 0000
⋮	⋮
5	11111111

表 5-2　地址与通道对应关系

ADDC	ADDB	ADDA	输入通道
0	0	0	IN0
0	0	1	IN1
0	1	0	IN2
0	1	1	IN3
1	0	0	IN4
1	0	1	IN5
1	1	0	IN6
1	1	1	IN7

六、单片机与 ADC0809 的接口电路

ADC 0809 转换完成后要和单片机进行通信联系，以便及时取走转换结果。联系方式可

以采用软件查询方式和硬件中断方式。

图 5-10 为 80C51 单片机与 ADC 0809 的接口图。该电路既可用作中断方式，又可用作查询方式。

启动 ADC 0809 的工作过程为：先送通道号地址到 ADD A～ADD C，由 ALE 信号锁存通道号地址，再让 START 有效启动 A/D 转换，即执行一条"MOVX @DPTR，A"指令产生 $\overline{WR}$ 信号，使 ALE、START 有效，锁存通道号并启动 A/D 转换；A/D 转换完后，EOC 端发出一正脉冲，接着执行 MOVX A，@DPTR 产生 $\overline{RD}$ 信号，使 OE 端有效，打开锁存器三态门，8 位数据就读入到单片机中。

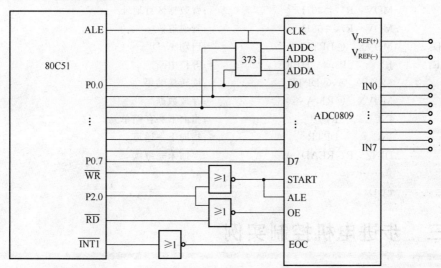

图.5-10　80C51 单片机与 ADC 0809 的接口电路图

七、编程

① 利用中断方式，分别对 8 路模拟信号轮流采集一次，转换结果依次存放在首址为 30H 的片外数据 RAM 中。

```
            ORG   0000H
            SJMP  MAIN
            ORG   0013H
            SJMP  INT1
MAIN:       MOV   R1,♯30H          ;置数据区首地址
            MOV   R7,♯08H          ;置通道数
            MOV   DPTR,♯0FEF8H     ;P2.0＝0,且指向 IN0
            SETB  IT1              ;开中断
            SETB  EX1
            SETB  EA
READ:       MOVX  @DPTR,A          ;启动 A/D
HERE:       SJMP  HERE             ;等待中断
            DJNZ  R7,READ          ;巡回未完继续
            ……
INT1:       MOVX  A,@DPTR          ;读转换结果
            MOVX  @R1,A            ;存放数据
```

```
            INC       R1                    ;指向下一存储单元
            INC       DPTR                  ;指向下一通道
            RETI                            ;中断返回
            END
```

② 利用查询方式对 8 路模拟信号轮流采集，转换结果依次存放在首址为 30H 的片外数据 RAM 中。

```
            ORG    0000H
MAIN:       MOV    DPTR,＃0FEF8H          ;P2.0＝0,且指向 IN0
            MOV    R1,＃30H               ;置数据区首地址
            MOV    R7,＃08H               ;置通道数
READ:       MOVX   @DPTR,A               ;启动 A/D
HERE:       JB     P3.3  HERE            ;等待中断
            MOVX   A,@DPTR              ;读转换结果
            MOVX   @R1,A                ;存放数据
            INC    R1                   ;指向下一存储单元
            INC    DPTR                 ;指向下一通道
            DJNZ   R7,READ              ;巡回未完继续
            ……
            END
```

任务三　步进电机控制实例

一、步进电机控制电路的设计

步进电机也称脉冲电机，是将电脉冲信号转变为角位移或线位移的开环控制元件。本任务中用 8051 通过达林顿管（采用 ULN2003A）驱动单极性（又称双线或 4 相）步进电机。通过三个按键控制步进电机的正转、反转和停止。原理图如图 5-11 所示。

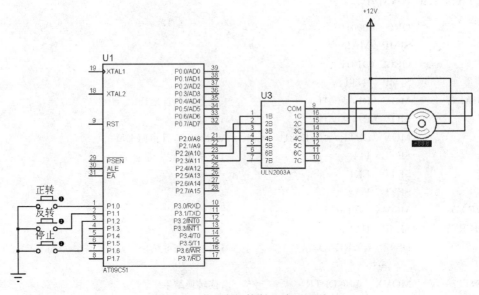

图 5-11　步进电机控制电路原理图

二、编写程序

用 keil 软件编写程序

```
#include <reg51.h>
#include <absacc.h>
sbit p10=P1^0;
sbit p11=P1^1;
sbit p12=P1^2;

#define    UP    20
#define    DOWN  30
#define    STOP  40

void delay()//延时程序
{
    unsigned i,j,k;
    for(i=0;i<0x02;i++)
        for(j=0;j<0x02;j++)
            for(k=0;k<0xff;k++);
}
main()
{
    unsigned char temp;
    while(1)
    {
        if(p10==0)
        {
            temp=UP;//控制正转
            P2=0X00;
            delay();
        }
        if(p11==0)
        {
            temp=DOWN;//控制反转
            P2=0X00;
            delay();
        }
        if(p12==0)
        {
            temp=STOP;//控制停止
        }
        switch(temp)
        {
        case DOWN:P2=0X01;//控制反转//0011
                delay();
                delay();
                P2=0X02;//0110
                delay();
```

```
                    delay();
                    P2＝0X04;//1100
                    delay();
                    delay();
                    P2＝0X08;//1001
                    delay();
                    delay();
                    break;
            case UP:P2＝0X08;//控制正转
                    delay();
                    delay();
                    P2＝0X04;
                    delay();
                    delay();
                    P2＝0X02;
                    delay();
                    delay();
                    P2＝0X01;
                    delay();
                    delay();
                    break;
            case   STOP://控制停止
                    P2＝0X00;
                    delay();
                    delay();
                    break;
            }
        }
}
```

三、电路仿真

1. 在 Keil 中编译程序

2. 用 Protues 软件仿真

按 KEY1 键，电机正转；按 KEY2 键，电机反转；按 KEY3 键，电机停止。

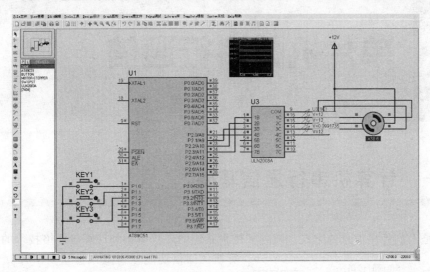

【课后练习】

1. A/D、D/A 转换器有哪些主要技术指标？

2. D/A 转换器有哪几部分组成，各部分作用是什么？

3. 逐次逼近式 A/D 转换器由哪几部分组成，各部分作用是什么？

4. 当输入模拟电压范围为 2～4V 时，若将其转换成 0000 0000 到 1111 1111，请设计电路和编程。

5. 从表 5-1 和图 5-7 中可看出，当输入从全 0 变到全 1 时，输出电压最大为 2×2.5V；若想使输出电压变化范围为 0～12V，应如何设计电路？

提示：TLC5615 电源输入 4.4～5.5V 不能变，需要外接运算放大器实现。

6. 被转换的模拟电压范围为：REF＋与 REF－两参考电压之差。若输入电压范围为 1.5～3.2V，欲将其转换为 00 0000 0000～11 1111 1111，电路应如何连接？

7. 对于在户外应用的单片机嵌入系统，冬季与夏季环境温度变化较大，若电路参数 R、C 产生漂移，应采取什么措施去除这种干扰？

8. 电路见图 5-4，请编写输出图 5-12 所示的 10ms 阶梯波的程序。

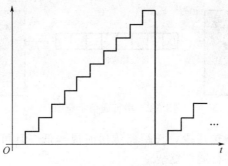

图 5-12　10ms 阶梯波图

第六章 单片机的串行通信

任务一　计算机串行通信基础

通信是人们传递信息的方式。随着多微机系统的广泛应用和计算机网络技术的普及，计算机的通信功能显得愈来愈重要。计算机通信是指计算机与外部设备或计算机与计算机之间的信息交换。

通信有并行通信和串行通信两种方式。在多微机系统以及现代测控系统中信息的交换多采用串行通信方式。

并行通信是将数据字节的各位用多条数据线同时进行传送，如图6-1所示。

由图可见，并行通信除了数据线外还有通信联络控制线。数据发送方在发送数据前，要询问数据接收方是否"准备就绪"。数据接收方收到数据后，要向数据发送方回送数据已经接收到的"应答"信号。

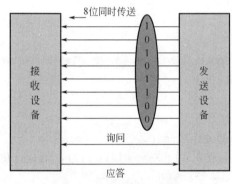

图 6-1　并行通信示意图

并行通信的特点是：控制简单、传输速度快；由于传输线较多，长距离传送时成本高且接收方的各位同时接收存在困难。

串行通信是将数据字节分成一位一位的形式在一条传输线上逐个传送，如图6-2所示。串行通信时，数据发送设备先将数据代码由并行形式转换成串行形式，然后一位一位放在传输线上进行传送。数据接收设备将接收到的串行形式数据转换成并行形式进行存储或处理。

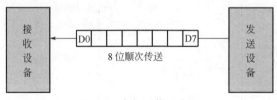

图 6-2　串行通信示意图

串行通信的特点是：传输线少，长距离传送时成本低，且可以利用电话网等现成的设备，但数据的传送控制比并行通信复杂。

一、串行通信的基本概念

对于串行通信，数据信息、控制信息要按位在一条线上一次传送，为了对数据和控制信息进行区分，收发双方要事先约定共同遵守的通信协议。通信协议约定的内容包括数据格式、同步方式、传输速率、校验方式等。依发送与接收设备时钟的配置情况串行通信可以分为异步通信和同步通信。

1. 异步通信

异步通信是指通信的发送与接收设备使用各自的时钟控制数据的发送和接收过程。为使双方的收发协调，要求发送和接收设备的时钟尽可能一致。异步通信示意图如图 6-3 所示。

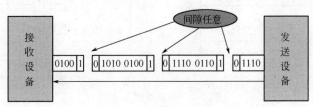

图 6-3　异步通信示意图

异步通信是以字符（构成的帧）为单位进行传输的，字符与字符之间的间隙（时间间隔）任意，但每个字符中的各位是以固定的时间传送的，即字符之间是异步的（字符之间不一定有"位间隔"的整数倍的关系），但同一字符内的各位是同步的（各位之间的距离均为"位间隔"的整数倍）。

为了实现异步传输字符的同步，采用的办法是使传送的每一个字符都以起始位"0"开始，以停止位"1"结束。这样，传送的每一个字符都用起始位来进行收发双方的同步。停止位和间隙作为时钟频率偏差的缓冲，即使双方时钟频率略有偏差，总的数据流也不会因偏差的积累而导致数据错位。异步通信的数据格式如图 6-4 所示。

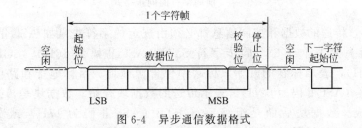

图 6-4　异步通信数据格式

由图 6-4 可见，异步通信的每帧数据由 4 部分组成：起始位（占 1 位）、字符代码数据位（占 5～8 位）、奇偶校验位（占 1 位，也可以没有校验位）、停止位（占 1 或 2 位）。图中给出的是 7 位数据位、1 位奇偶校验位和 1 位停止位，加上固有的 1 位起始位，共 10 位组成一个传输帧。传送时数据的低位在前，高位在后。字符之间允许有不定长度的空闲位。起始位"0"作为联络信号，它告诉收方传送的开始，接下来的是数据位和奇偶校验位，停止位"1"表示一个字符的结束。

传送开始后，接收设备不断检测传输线，看是否有起始位到来。当收到一系列的"1"（空闲位或停止位）之后，检测到一个"0"，说明起始位出现，就开始接收所规定的数据位和奇偶校验位以及停止位。经过处理将停止位去掉，把数据位拼成一个并行字节，并且经校验无误才算正确地接收到一个字符。一个字符接收完毕后，接收设备又继续测试传输线，监视"0"电平的到来（下一个字符开始），直到全部数据接收完毕。

异步通信的特点是不要求收发双方时钟的严格一致，实现容易，设备开销较小，但每个字符要附加 2～3 位用于起止位，各帧之间还有间隔，因此传输效率不高。

2. 同步通信

同步通信时要建立发送方时钟对接收方时钟的直接控制，使双方达到完全同步。此时传输数据的位之间的距离均为"位间隔"的整数倍，同时传送的字符间不留间隙，即保持位同步关系，也保持字符同步关系。发送方对接收方的同步可以通过两种方法实现，如图 6-5 所示。

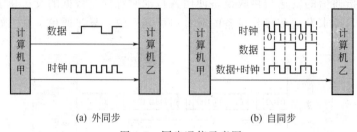

(a) 外同步   (b) 自同步

图 6-5　同步通信示意图

外同步：在发送方和接收方之间提供单独的时钟线路，发送方在每个比特周期都向接收方发送一个同步脉冲。接收方根据这些同步脉冲来完成接收过程。由于长距离传输时，同步信号会发生失真，所以外同步方法仅适用于短距离的传输。

自同步：利用特殊的编码（如曼彻斯特编码），让数据信号携带时钟（同步）信号。

在比特级获得同步后，还要知道数据块的起始和结束。为此，可以在数据块的头部和尾部加上前同步信息和后同步信息。加有前后同步信息的数据块构成一帧。前后同步信息的形式依数据块是面向字符的还是面向位的分成两种。面向字符的同步格式如图 6-6 所示。

SYN	SYN	SOH	标题	STX	数据块	ETB/ETX	块校验

图 6-6　面向字符的同步格式

面向字符时，传送的数据和控制信息都必须由规定的字符集（如 ASC Ⅱ 码）中的字符所组成。图中帧头为 1 个或 2 个同步字符 SYN（ASC Ⅱ 码为 16H）。SOH 为序始字符（ASC Ⅱ 码为 01H），表示标题的开始，标题中包含源地址、目标地址和路由指示等信息。STX 为文始字符（ASC Ⅱ 码为 02H），表示传送的数据块开始。数据块是传送的正文内容，由多个字符组成。数据块后面是组终字符 ETB（ASC Ⅱ 码为 17H）或文终字符 ETX（ASC Ⅱ 码为 04H）。然后是校验码。典型的面向字符的同步规程如 IBM 的二进制同步规程 BSC。

面向定时，将数据块看作数据流，并用序列 01111110 作为开始和结束标志。为了避免在数据流中出现序列 01111110 时引起的混乱，发送方总是在其发送的数据流中每出现 5 个连续的"1"就插入一个附加的"0"；接收方则每检测到 5 个连续的"1"并且其后有一个"0"时，就删除该"0"。面向比特的同步协议格式如图 6-7 所示。

01111110	地址场	控制场	信息场	校验场	01111110

图 6-7　面向比特的同步协议格式

典型的面向位的同步协议如国际标准化组织（ISO）的高级数据链路控制规程 HDLC 和 IBM 的同步数据链路控制规程 SDLC。

同步通信的特点是以同步字符或特定的位组合"01111110"作为帧的开始，所传输的一帧数据可以是任意位。所以传输的效率较高，但实现的硬件设备比一部通信复杂。

二、串行通信的传输方向

串行通信依数据传输的方向及时间关系可分为：单工、半双工和全双工。如图 6-8 所示。

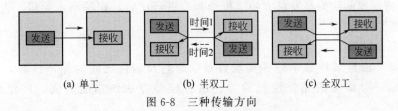

图 6-8　三种传输方向

1. 单工
单工是指数据传输仅能沿一个方向，不能实现反向传输。如图 6-8(a) 所示。
2. 半双工
半双工是指数据传输可以沿两个方向，但需要分时进行。如图 6-8(b) 所示。
3. 全双工
全双工是指数据可以同时进行双向传输。如图 6-8(c) 所示。

三、信号的调制与解调

计算机的通信要求传送的是数字信号。在远程数据通信时，通常要借用现存的公用电话网。但是电话网是为 $300\sim3400\mathrm{Hz}$ 的音频模拟信号设计的，对二进制数据的传输是不合适的。为此在发送时需要对二进制数据进行调制，使之适合在电话网上传输。在接收时，需要进行解调以将模拟信号还原成数字信号。

利用调制器把数字信号转换成模拟信号，然后送到通信线路上去，再由解调器把从通信线路上收到的模拟信号转换成数字信号。由于信号是双向的，调制器和解调器合并在一个装置中，这就是调制解调器 MODEM，如图 6-9 所示。

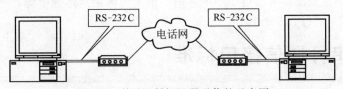

图 6-9　利用调制解调器通信的示意图

在图 6-9 中，调制器和解调器是进行数据通信所需的设备，因此把它叫做数据通信设备（DCE）。计算机是终端设备（DTE），通信线路是电话线，也可以是专用线。

四、串行通信的错误校验

在通信过程中往往要对数据传送的正确与否进行校验。校验是保证准确无误传输数据的关键。常用的校验方法有奇偶校验、代码和校验及循环冗余码校验。

1. 奇偶校验
在发送数据时，数据位尾随的 1 位为奇偶校验位（1 或 0）。当约定为奇偶校验时，数据中"1"的个数与校验位"1"的个数之和应为奇数；当约定为偶校验时，数据中"1"的个数与校验位"1"的个数之和应为偶数。接收方与发送方的校验方式应一致。接收字符时，对"1"的个数进行校验，若发现不一致，则说明传输数据过程中出现了差错。

2. 代码和校验

代码和校验是发送方将所发数据块求和（或各字节异或），产生一个字节的校验字符（校验和）附加到数据块末尾。接收方接收数据同时对数据块（除校验字节外）求和（或各字节异或），将所得的结果与发送方的"校验和"进行比较，相符则无差错，否则即认为传送过程中出现了差错。

3. 循环冗余校验

这种校验是通过某种数学运算实现有效信息与校验位之间的循环校验，常用于对磁盘信息的传输、存储区的完整性校验等。这种校验方法纠错能力强，广泛应用于同步通信中。

五、传输速率与传输距离

1. 传输速率

数据的传输速率可以用比特率表示。比特率是每秒钟传输二进制代码的位数，单位是：位/秒（bps）。如每秒钟传送 240 个字符，而每个字符格式包含 10 位（1 个起始位、1 个停止位、8 个数据位）。这时的比特率为

$$10 \text{ 位} \times 240 \text{ 个/秒} = 2400\text{bps}$$

应注意的是，在数据通信中常用波特率表示每秒钟调制信号变化的次数，单位是：波特（Baud）。波特率和比特率不总是相同的。如每个信号（码元）携带 1 个比特的信息，比特率和波特率就相同。如 1 个信号（码元）携带 2 个比特的信息，则比特率就是波特率的 2 倍。对于将数字信号 1 或 0 直接用两种不同电压表示的所谓基带传输，波特率和比特率是相同的。所以，我们也经常用波特率表示数据的传输速率。

2. 传输距离与传输速率的关系

串行接口或终端直接传送串行信息位流的最大距离与传输速率及传输线的电气特性有关。当传输线使用每 0.3m（约 1ft）有 50pF 电容的非平衡屏蔽双绞线时，传输距离随传输速率的增加而减小。当比特率超过 1000bps 时，最大传输距离迅速下降，如 9600bps 时最大距离下降到只有 76m（约 250ft）。

任务二   串行通信接口标准

串行通信方式在多微机系统以及现代测控系统中得到了广泛的应用。而在串行通信时，要求通信双方都采用一个标准接口，使不同的设备可以方便地连接起来进行通信。在本任务中通过对两种标准接口的介绍，了解 RS-232C、RS-422A 两种常用的接口标准。

一、RS-232 接口

RS-232 是 EIA（美国电子工业协会）于 1962 年制定的标准。RS 表示 EIA 的"推荐标准"，232 为标准编号。1969 年修订为 RS-232C，1987 年修订为 EIA-232D，1991 年修订为 EIA-232E，1997 年又修订为 EIA-232F。由于修改的不多，所以人们习惯于早期的名字"RS-232C"。

RS-232C定义了数据终端设备（DTE）与数据通信设备（DCE）之间的物理接口标准（如图6-9所示）。接口标准包括机械特性、功能特性和电气特性几方面内容。

1. 机械特性

RS-232C接口规定使用25针连接器，连接器的尺寸及每个插针的排列位置都有明确的定义。在一般的应用中并不一定用到RS-232C标准的全部信号线，所以，在实际应用中常常使用9针连接器替代25针连接器。连接器引脚定义如图6-10所示。图中所示为阳头定义，通常用于计算机侧，对应的阴头用于连接线侧。

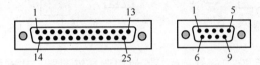

图6-10　DB-25（阳头）和DB-9（阳头）连接器定义

2. 功能特性

RS-232C接口的主要信号线的功能定义如表6-1所示。

表6-1　RS-232C标准接口主要引脚定义

插针序号	信号名称	功能	信号方向
1	PGND	保护接地	
2(3)	TXD	发送数据(串行输出)	DTE→DCE
3(2)	RXD	接收数据(串行输入)	DTE←DCE
4(7)	RTS	请求发送	DTE→DCE
5(8)	CTS	允许发送	DTE←DCE
6(6)	DSR	DCE就绪(数据建立就绪)	DTE←DCE
7(5)	SGND	信号接地	
8(1)	DCD	载波检测	DTE←DCE
20(4)	DTR	DTE就绪(数据终端准备就绪)	DTE→DCE
22(9)	RI	振铃指示	DTE←DCE

注：插针序号（）内为9针非标准连接器的引脚号。

3. 电气特性

RS-232C采用负逻辑电平，规定DC（−3～−15V）为逻辑1，DC（＋3～＋15V）为逻辑0。−3～＋3V为过渡区，不作定义。如图6-11所示。

应注意，RS-232C的逻辑电平与通常的TTL和MOS电平不兼容，为了实现与TTL和MOS电平的连接，要外加电平转换电路。

RS-232C发送方和接收方之间的信号线采用多芯信号线，要求多芯信号线的总负载电容不能超过2500pF。

通常RS-232C的传输距离为几十米，传输速率小于20Kbps。

4. 过程特性

过程特性规定了信号之间的时序关系，以便正确地接收和发送数据。如果通信双方均具备RS-232C接口，则二者可以直接连接，不必考虑电平转换问题。但是对于单片机与计算机通过RS-232C的连接，必须考虑电平转换问题。因为80C51系列单片机串行口不是标准RS-232C接口。

远程通信 RS-232C 总线连接，如图 6-12 所示。

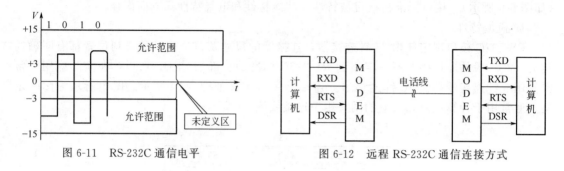

图 6-11　RS-232C 通信电平　　　　图 6-12　远程 RS-232C 通信连接方式

近程通信时（通信距离≤15m），可以不使用调制解调器，其连接如图 6-13 所示。

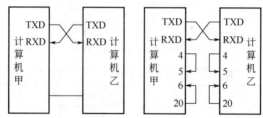

图 6-13　近程 RS-232C 通信连接方式

5. RS-232C 电平与 TTL 电平转换驱动电路

如上所示，80C51 单片机串行接口与 PC 机的 RS-232C 接口不能直接对接，必须准备电平转换。常见的 TTL 到 RS-232C 的电平转换器有 MC1488、MC1489 和 MAXM232 等芯片。MC1488 输入为 TTL 电平，输出为 RS232 电平；MC1489 输入为 RS-232 电平，输出为 TTL 电平，MC1488 的供电电压为±12V，MC1489 的供电电压为＋5V。MC1489 的逻辑功能如图 6-14 所示。

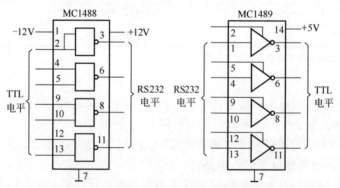

图 6-14　MC1488 和 MC1489 的逻辑功能

MC1488 和 MC1489 与 RS-232 电平转换如图 6-15 所示。

近来一些系统中，愈来愈多地采用了自升压电平转换电路。各厂商生产的此类芯片虽然不同，但原理类似，并可代换。其主要功能是在单＋5V 电源下，有 TTL 信号输入到 RS-232C 输出的功能，也有 RS-232C 输入到 TTL 输出的功能。如 RS-232C 双工发送器/接收器接口电路 MAXM232，它能满足 RS-232C 的电气规范。且仅需要＋5V 电源，内置电子泵电压转换器将＋5V 转换成－10～＋10V。该芯片与 TTL/CMOS 的电平兼容。片内有 2 个发送器，2 个接收器，使用比较方便。

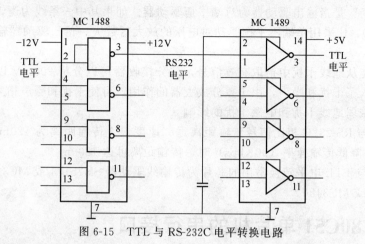

图 6-15　TTL 与 RS-232C 电平转换电路

6. 采用 RS-232C 接口存在的问题

（1）传输距离短，传输速率低

RS-232C 总线标准受电容允许值的约束，使用时传输距离一般不要超过 15m（线路条件好时也不超过几十米）。最高传送速率为 20Kbps（不能满足同步通信要求，所以 RS-232C 主要用于异步通信）。

（2）有电平偏移

RS-232C 总线标准要求收发双方共地（见图 6-15）。通信距离较大时，收发双方的地点位差别较大，在信号地上将有比较大的地电流并产生压降。这样一方输出的逻辑电平到达对方时，其逻辑电平若偏移较大，将发生逻辑错误。

（3）抗干扰能力差

RS-232C 在电平转换时采用单端输入输出，在传输过程中当干扰和噪声混在正常的信号中。为了提高信噪比，RS-232C 总线标准不得不采用比较大的电压摆幅。

二、RS-422A 接口

针对 RS-232C 总线标准存在的问题，EIA 协会制定了新的串行通信标准 RS-422A。它是平衡型电压数字接口电路的电气标准。如图 6-16 所示。

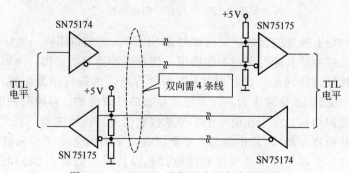

图 6-16　RS-422A 平衡驱动差分接收电路

电路由发送器、平衡连接电缆、电缆终端负载、接收器等部分组成。电路中规定只许有一 RS-422A 个发送器，可有多个接收器。RS-422A 与 RS-232C 的主要区别是，收发双方的信号地不再共用。另外，每个方向用于传输数据的是两条平衡导线。

所谓"平衡"是指输出驱动器为双端平衡驱动器。如果其中一条线为逻辑 1 状态，另一条线就为逻辑 0，比采用单端不平衡驱动对电压的放大倍数大一倍。驱动器输出允许范围是 $\pm 2 \sim \pm 6\mathrm{V}$。

差分电路能从地线干扰中拾取有效信号，差分接收器可以分辨 200mV 以上电位差。若传输过程中混入了干扰和噪声，由于差分放大器的作用，可使干扰和噪声相互抵消。因此可以避免或大大减弱地线干扰和电磁干扰的影响。

RS-422A 与 RS-232C 相比信号传输距离远、速度快。传输距离为 120m 时，传输速率可达 10Mbps；降低传输速率（90Kbps）时，传输距离可达 1200m。

RS-422A 与 TTL 电平转换常用的芯片为传输线驱动器 SN75174 或 MC3487 和传输线接收器 SN75175 或 MC3486。

任务三　80C51 单片机的串行接口

80C51 系列单片机有一个可编程的全双工串行通信口，它可作为 UART（通用异步收发器），也可作同步移位寄存器。其帧格式可为 8 位、10 位或 11 位，并可以设置多种不同的波特率。通过引脚 TXD（P3.0，穿行数据接收引脚）和引脚 TXD（P3.1，串行数据发送引脚）与外界进行通信。

一、80C51 串行接口的结构

80C51 串行接口的内部简化结构图如图 6-17 所示。

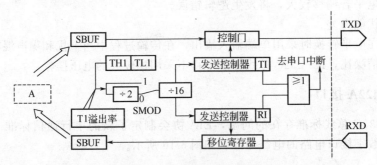

图 6-17　串行接口简化结构

图中有两个物理上独立的接收、发送缓冲器 SBUF，它们占用同一地址 99H，可同时发送接收数据。发送缓冲器只能写入，不能读出；接收缓冲器只能读出，不能写入。串行发送与接收的速率与移位时钟同步，定时器 T1 作为串行通信的波特率发生器，T1 溢出率经 2 分频（或不分频）又经 16 分频作为串行发送或接收的移位时钟。移位时钟的速率即波特率。

接收器是双缓冲结构。由于在前一个字节从接收缓冲器读出之前，就开始接收第二个字节（串行输入至移位寄存器），若在第二个字节接收完毕而前一个字节未被读走时，就会丢失前一个字节的内容。串行接口的发送和接收都是以特殊功能寄存器 SBUF 的名称进行读和写的。当向 SBUF 发"写"命令时（执行"MOV　SBUF，A"指令），即是向发送缓冲器 SBUF 装载并开始由 TXD 引脚向外发送一帧数据，发送完后便使发送中断标志 TI＝1；在串行接口接收中断标志 RI（SCON.0）＝0 的条件下，置允许接收位 REN（SCON.4）＝1

就会启动接收过程，一帧数据进入输入移位寄存器，并装载到接收 SBUF 中，同时使 RI＝1。执行读 SBUF 的命令（执行"MOV A，SBUF"指令），则可以由接收缓冲器 SBUF 取出信息并通过内部总线送 CPU。

对于发送缓冲器，因为发送时 CPU 是主动的，不会产生重叠错误。

二、80C51 串行接口的控制寄存器

单片机串行接口是可编程的，对它初始化编程只需将两个控制字分别写入特殊功能寄存器 SCON（98H）和电源控制寄存器 PCON（97H）即可。

串行控制寄存器 SCON 是一个特殊功能寄存器，用以设定串行接口的工作方式、接收/发送控制以及设置状态标志。字节地址为 98H，可进行位寻址，其格式为

```
位  号       7    6    5    4    3    2    1    0
字节地址：98H  SM0  SM1  SM2  REN  TB8  RB8  TI   RI   SCON
```

SM0 和 SM1（SCON.7 和 SCON.6）：串行接口工作方式选择位，可选择 4 中工作方式，如表 6-2 所示。

表 6-2　串行接口的工作方式

SM0	SM1	方式	说明	波特率
0	0	0	移位寄存器	$f_{osc}/12$
0	1	1	10 位异步收发器（8 位数据）	可变
1	0	2	11 位异步收发器（9 位数据）	$f_{osc}/64$ 或 $f_{osc}/32$
1	1	3	11 位异步收发器（9 位数据）	可变

SM2（SCON.5）：多机通信控制位，主要用于方式 2 和方式 3。当接收机的 SM2＝1 时可以利用收到的 RB8 来控制是否激活 RI（RB8＝0 时不激活 RI，收到的信息丢失；RB8＝1 时收到的数据进入 SBUF，并激活 RI，进而在中断服务中将数据从 SBUF 读走）。当 SM2＝0 时，不允许收到的 RB8 为 0 和 1，均可以使收到的数据进入 SBUF，并激活 RI（即此时 RB8 不具有控制 RI 激活的功能）。通过控制 SM2，可以实现多机通信。

方式 0 和方式 1 不是多机通信方式，在这两种方式时要置 SM2＝0。

REN（SCON.4）：允许串行接收位。由软件置 REN＝1，则启动串行接口接收数据；若软件置 REN＝0，则禁止接收。

TB8（SCON.3）：在方式 2 和方式 3 中，是发送数据的第九位，可以用软件规定其作用。可以用作数据的奇偶校验位，或在多机通信中，作为地址帧/数据帧的标志位。

在方式 0 和方式 1 中，该位未用。

RB8（SCON.2）：在方式 2 或方式 3 中，是接收到数据的第九位，作为奇偶校验位或地址帧/数据帧的标志位。在方式 0 时不用 RB8（置 SM2＝0）。在方式 1 时也不用 RB8（进入 RB8 的是停止位，置 SM2＝0）。

TI（SCON.1）：发送中断标志位。在方式 0 时，当串行发送第 8 位数据结束时，或在其他方式，串行发送停止位 IED 开始时，由内部硬件使 TI 置 1，向 CPU 发中断申请。在中断服务程序中，必须用软件将其清 0，取消此中断申请。

RI（SCON.0）：接收中断标志位。在方式 0 时，当串行接收第 8 位数据结束时，或在其他方式，串行接收停止位时，由内部硬件使 RI 置 1，向 CPU 发中断申请，必须在中断服务程序中，用软件将其清 0，取消此中断申请。

电源控制寄存器PCON（97H）。在电源控制寄存器PCON中只有一位SMOD与串行接口工作有关，其格式为

位　号	7	6	5	4	3	2	1	0	
字节地址：97H	SMOD								PCON

SMOD（PCON.7）：波特率倍增位。在串行接口方式1，方式2，方式3时，波特率与SMOD有关，当SMOD＝1时，波特率提高一倍。复位时，SMOD＝0。

三、80C51串行接口的工作方式

80C51串行可设置四种工作方式，由SCON中的SM0、SM1进行定义。

1. 方式0

方式0时，串行接口为同步移位寄存器的输入输出方式。主要用于扩展并行输入或输出接口，数据由RXD（P3.0）引脚输入或输出，同步移位脉冲由TXD（P3.1）引脚输出。发送和接收均为8位数据，低位在先，高位在后。波特率固定为 $f_{osc}/12$。

（1）方式0输出

方式0时输出时序如图6-18所示。

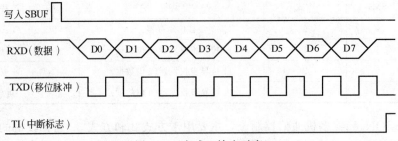

图6-18　方式0输出时序

对发送数据缓冲器SBUF写入一个数据，就启动了串行接口的发送过程。内部的定时逻辑在SBUF写入数据之后，经过一个完整的机器周期，输出移位寄存器中输出位的内容送RXD引脚输出。移位脉冲由TXD引脚输出，它使RXD引脚输出的数据移入外部移位寄存器。当数据的最高位D7移至输出移位寄存器的输出位时，再移位一次后就完成了一个字节的输出。中断标志TI置1。如要再发送下一字节数据，必须用软件先将TI清0。

（2）方式0输入

方式0时输入时序如图6-19所示。

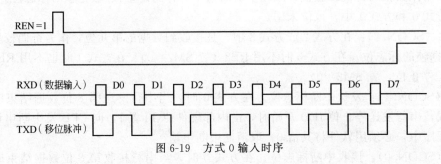

图6-19　方式0输入时序

当SCON中的接收允许位REN＝1，用指令使CSON中的RI为0时，就会启动串行接口接收过程。RXD引脚为串行输入引脚，移位脉冲由TXD引脚输出。当接收完一帧数据

后，由硬件将输入移位寄存器中的内容写入 SBUF，中断标志 RI 置 1。如要再接收数据，必须用软件将 RI 清 0。

方式 0 输出时，串行接口可以外接串行输入并行输出的移位寄存器，如 74LS164、CD4094 等，其接口逻辑如图 6-20 所示。TXD 引脚输出的移位脉冲将 RXD 引脚输出的数据（低位在先）逐位移入 74LS164 或 CD4094。

方式 0 输入时，串行接口外接并行输入串行输出的移位寄存器，如 74LS165。其接口逻辑如图 6-21 所示。

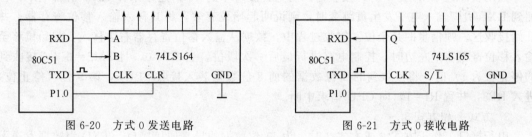

图 6-20　方式 0 发送电路　　　　　　　图 6-21　方式 0 接收电路

2. 方式 1

串行接口定义为方式 1 时，是 10 位数据的异步通信接口。TXD 为数据发送引脚，RXD 为数据接收引脚，传送一帧数据的格式如图 6-22 所示。其中 1 为起始位，8 位数据位。1 位停止位。

图 6-22　串行接口方式 1 的数据格式

（1）方式 1 输出

当执行一条写 SBUF 的指令时，就启动了串行接口发送过程。在发送移位时钟（由波特率确定）的同步下，从 TXD 引脚先送出起始位，然后是 8 位数据位，最后是停止位。一帧 10 位数据发送完后，中断标志 TI 置方式 1 的发送时序如图 6-23 所示。方式 1 的波特率由定时器 T1 的溢出率决定。

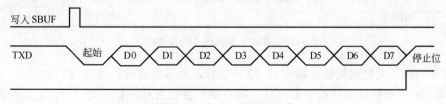

图 6-23　方式 1 的发送时序

（2）方式 1 输入

方式 1 的接收时序如图 6-24 所示。

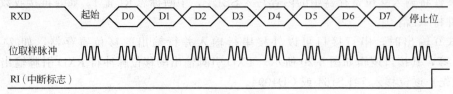

图 6-24　方式 1 的接收时序

当用软件置 REN 为 1 时，接收器以所选择波特率的 16 倍速率采样 RXD 引脚电平，检测到 RXD 引脚输入电平发生负跳变时，则说明起始位有效，将其移入输入移位寄存器，并开始接收这一帧信息的其余位。接收过程中，数据从输入移位寄存器右边移入，起始位移至输入移位寄存器最左边时，控制电路进行最后一次段位。当 RI＝0，且 SM2＝0（或接收到的停止位为 1）时，将接收到的 9 位数据的前 8 位数据装入接收 SBUF，第 9 位（停止位）进入 RB8，并置 RI＝1，向 CPU 请求中断。

3. 方式 2 和方式 3

串行接口工作于方式 2 或方式 3 时，为 11 位数据的异步通信接口。TXD 为数据发送引脚，RXD 为数据接收引脚，传送一帧数据的格式如图 6-25 所示。

图 6-25　串行接口方式 2、方式 3 的数据格式

由图可见，串行接口方式 2 和方式 3 时起始位 1 位，数据 9 位（含 1 位附加的第 9 位，发送时为 SCON 中的 TB8，接收时为 RB8），停止位 1 位，一帧数据为 11 位。方式 2 的波特率固定为晶振频率的 1/64 或 1/62，方式 3 的波特率由定时器 T1 的溢出率决定。

方式 2 和方式 3 输出

CPU 向 SBUF 写入数据时，就启动了串行接口的发送过程。SCON 中的 TB8 写入输出移位寄存器的第 9 位，8 位数据装入 SBUF。方式 2 和方式 3 的发送时序如图 6-26 所示。

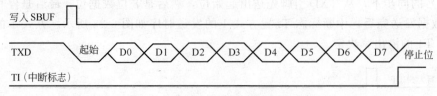

图 6-26　方式 2 和方式 3 的发送时序

发送开始时，先把起始位 0 输出到 TXD 引脚，然后发送移位寄存器的输出位（D0）到 TXD 引脚。每一个移位脉冲都使输出移位寄存器的各位右移一位，并由 TXD 引脚输出。

第一次移位时，停止位"1"移入输出移位寄存器的第 9 位上，以后每次移位，左边都移入 0。当停止位移至输出位时，左边其余位全为 0，检测电路检测到这一条件时，使控制电路进行最后一次移位，并置 TI＝1，向 CPU 请求中断。

方式 2 和方式 3 输入

软件使接收允许位 REN 为 1 后，接收器就以所选频率的 16 倍速率开始取样 RXD 引脚的电平状态，当检测到 RXD 引脚发生负跳变时，说明起始位有效，将其移入输入移位寄存器，开始接收这一帧数据。方式 2 和方式 3 的接收时序如图 6-27 所示。

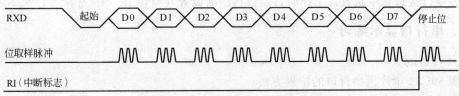

图 6-27　方式 2、方式 3 的接收时序

接收时，数据从右边移入输入移位寄存器，在起始位 0 移到最左边时，控制电路进行最后一次移位。当 RI＝0，且 SM2＝0（或接收到的第 9 位数据为 1）时，接收到的数据装入接收缓冲器 SBUF 和 RB8（接收数据的第 9 位），置 RI＝1，向 CPU 请求中断。如果条件不满足，则数据丢失，且不置位 RI，继续搜索 RXD 引脚的负跳变。

4. 波特率的计算

在串行通信中，收发双方对发送或接收数据的速率要有约定。通过软件可对单片机串行接口编程四种工作方式，其中方式 0 和方式 2 的波特率是固定的，而方式 1 和方式 3 的波特率是可变的，由定时器 T1 的溢出率来决定。

串行接口的四种工作方式对应三种波特率。由于输入的移位时钟来源不同，所以，各种方式的波特率计算公式也不相同。

方式 0 的波特率 $=f_{\text{OSC}}/12$

方式 2 的波特率 $=(2^{\text{SMOD}}/64)\times f_{\text{OSC}}$

方式 1 的波特率 $=(2^{\text{SMOD}}/32)\times(\text{T1 溢出率})$

方式 3 的波特率 $=(2^{\text{SMOD}}/32)\times(\text{T1 溢出率})$

当 T1 作为波特率发生器时，最典型的用法是使 T1 工作在自动再装入的 8 位定时器方式（即方式 2，且 TCON 的 TR1＝1，以启动定时器）。这时溢出率取决于 TH1 中的计数值。

$$\text{T1 溢出率} = f_{\text{OSC}}/\{12\times[256-(TH1)]\}$$

在单片机的应用中，常用的晶振频率为：12MHz 和 11.0592MHz。所以，选用的波特率也相对固定。常用的串行接口波特率以及各参数的关系如表 6-3 所示。

表 6-3　常用波特率与定时器 1 的参数关系

串行工作方式及波特率(b/m)		f_{OSC}/MHz	SMOD	定时器 T1		
				$C/\overline{T}$	工作方式	初值
方式 1,3	62.5K	12	1	0	2	FFH
	19.2K	11.0592	1	0	2	FDH
	9600	11.0592	0	0	2	FDH
	4800	11.0592	0	0	2	FAH
	2400	11.0592	0	0	2	F4H
	1200	11.0592	0	0	2	E8H

在使用串行接口前，应对其进行初始化，主要是设置产生波特率的定时器 1、串行接口控制和中断控制。具体步骤如下：

（1）确定 T1 的工作方式（编程 TMOD 寄存器）；

（2）计算 T1 的初值，装载 TH1、TL1；

（3）启动 T1（编程 TCON 中的 TR1 位）；

（4）确定串行接口控制（编程 SCON 寄存器）；

（5）串行接口在中断方式工作时，要进行中断设置（编程 IE、IP 寄存器）。

四、串行口显示练习

1. 练习目的

掌握 80C51 单片机串行口的扩展方法。

掌握 8 位串行输入、并行输出移位寄存器 74LS164 的使用方法。

2. 相关知识

80C51 单片机应用系统中，如果并行 I/O 口不够，而串行口又没有其他用处时，则可用来扩展并行 I/O 口，从而节省了单片机的硬件资源。

80C51 单片机内部的串行口在方式 0 工作状态下，使用移位寄存器芯片可以扩展一个或多个 8 位并行 I/O 口。

74LS164 是串行输入、并行输出移位寄存器，并带有清除端。其引脚如图 6-28 所示。

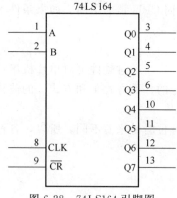

图 6-28　74LS164 引脚图

其中：

$Q_0 \sim Q_7$：并行输出端。

A、B：串行输入端。

$\overline{CR}$：清除端，零电平时，使 74LS164 输出清 0。

CLK：时钟脉冲输入端，在脉冲的上升沿实现移位。

当 CLK＝0，$\overline{CR}$＝1 时，74LS164 保持原来的数据状态。

采用串行口扩展显示器节省了 I/O 口，但传送速度较慢；扩展的芯片越多，速度越慢。

本练习的显示方式是静态显示方式，它比动态显示方式亮度大。

3. 功能说明

本练习利用串行口扩展了 4 片 74LS164，从而实现了 4 位共阴极 LED 显示，在程序中实现了 2000 和 8888 的交替显示。

4. 电路

电路图如图 6-29 所示。

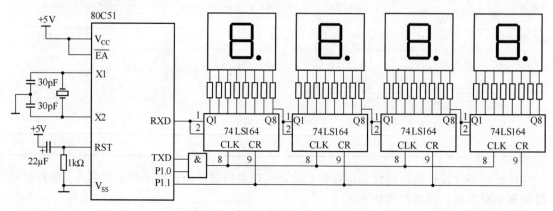

图 6-29　串行口扩展 LED 显示电路

5. 串行通信发送程序清单

```
              0100H
MAIN:  MOV      SCON,#10H       ;设置串行口的工作方式为 0 状态
       CLR      P1.1            ;清显示
       SETB     P1.0            ;允许显示输入
       SETB     P1.1            ;开放显示器
       MOV      A,#3FH          ;分别将 2000 的段选码送显示,其中 3FH
                                ;为 0 的段选码,5BH 为 2 的段选码
       MOV      SBUF,A
ST0:   JNB      TI,ST0
       CLR      TI
       MOV      A,#3FH
       MOV      SBUF,A
ST1:   JNB      TI,ST1
       CLR      TI
       MOV      A,#3FH
       MOV      SBUF,A
ST2:   JNB      TI,ST2
       CLR      TI
       MOV      A,#5BH
       MOV      SBUF,A
ST3:   JNB      TI,ST3
       CLR      TI
       CLR      P1.0            ;保持 74LS164 中的数据
       LCALL    YSH             ;调延时子程序
       CLR      P1.1            ;清显示
       SETB     P1.0            ;允许显示输入
       SETB     P1.1            ;开放显示器
       MOV      R2,#04H         ;将显示位数送 R2
LOOP:  MOV      A,#7FH          ;分别将 8888 的段选码送显示,其中 7FH 为
                                ;8 的段选码
       MOV      SBUF,A
STC:   JNB      TI,STC
       CLR      TI
       DJNZ     R2,LOOP
       CLR      P1.0
       LCALL    YSH             ;调延时子程序
       LJMP     MAIN            ;程序循环执行
YSH:   MOV      R5,#0A0H        ;延时子程序
LOOP1: MOV      R6,#0FFH
LOOP2: MOV      R6,LOOP2
       DJNZ     R7,LOOP1
       RET
       END
```

任务四　串行口应用示例

80C51 单片机内部的串行口，有两个物理上完全独立的发送、接收缓冲器 SBUF，可同时发送和接收数据。发送缓冲器只能写入，接收缓冲器只能读出，两个缓冲器共占用一个地址 99H。

80C51 单片机串行口的控制寄存器共有两个 SCON 和 PCON。

（1）串行口控制寄存器 SCON

该寄存器地址为 98H，格式为：

位名称	SM0	SM1	SM2	REN	TB8	RB8	TI	RI
位地址	9F	9E	9D	9C	9B	9A	99	98

SM0、SM1：控制串行口的工作方式。

SM2：方式 2 和方式 3 进行多机通信的控制位。

REN：允许串行接收控制位，为 1 时允许接收，为 0 时禁止接收。

TB8：是工作方式 2 和方式 3 时要发送的第 9 位。

RB8：是工作方式 2 和方式 3 时要接收的第 9 位。

TI：发送中断标志位。

RI：接收中断标志位。

（2）特殊功能寄存器 PCON

该寄存器地址为 87H，格式为

D7	D6	D5	D4	D3	D2	D1	D0
SMOD							

SMOD：是波特率选择位。

串行口的工作方式有 4 种，由 SM0、SM1 决定，格式如表 6-4 所列。

表 6-4　串行口的 4 种工作方式

方式	SM0	SM1	功能说明
0	0	0	移位寄存器方式（用于扩展 I/O 口）
1	0	1	8 位 UART，波特率可变
2	1	0	9 位 UART，波特率为 $f_{osc}/64$ 或 $f_{osc}/32$
3	1	1	9 位 UART，波特率可变

一、双机通信电路设计

1♯机发送数据，2♯机接收数据。两机的振荡频率为 12MHz，波特率设置为 1200，工作在方式 3；1♯机将外部 8 个开关的状态发送出去，2♯机将接收的数据以 BCD 码的形式输出到两个数码管上显示出来。原理图如图 6-30 所示。

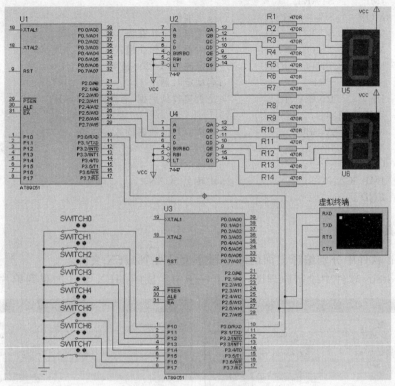

图 6-30　串行口双机通信电路

二、程序编写

1#机（发送）程序：

```
            ORG     00H
            JMP     START
START:      MOV     SP,#60H          ;设定堆栈
            MOV     SCON,#50H        ;设置串口工作在模式1
            MOV     TMOD,#20H        ;定时器1工作在模式2
            MOV     TH1,#0E6H        ;设定波特率1200波特
            SETB    TR1              ;启动定时器1
            MOV     30H,#0FFH        ;设定拨码开关的初值
SCAN0:      MOV     A,P1             ;读入P1口的值
            CJNE    A,30H,KEYIN      ;判断值是否有变化,有变化则跳转至KEYIN
            JMP SCAN0                ;重新扫描
KEYIN:      MOV     30H,A            ;保存新值
            MOV     SBUF,A           ;串口输出
WAIT:       JBC TI,SCAN0            ;判断是否发送完毕？发送完毕则跳转至SCAN0
            JMP WAIT
            END
```

2#（接收）机程序：

```
            ORG     00H
```

```
            JMP      START
START:      MOV      SP,#60H              ;设定堆栈
            MOV      SCON,#50H            ;设置串口工作在模式 1
            MOV      TMOD,#20H            ;定时器 1 工作在模式 2
            MOV      TH1,#0E6H            ;设定波特率 1200 波特
            SETB     TR1                  ;启动定时器 1
SCAN0:      JB       RI,UART              ;是否接收到数据,有则跳至 UART
            JMP SCAN0                     ;
UART:       MOV      A,SBUF               ;将接收到的数据读入
            MOV      P2,A                 ;输出至 P2
            CLR RI                        ;清除 RI=0
            JMP SCAN0                     ;跳转至 SCAN0
            END
```

三、仿真调试

1. 在 keil 软件中分别编译上面的两个程序生成两个 HEX 文件。

2. 在 Proteus 软件中绘制原理图,把上一步中生成的 HEX 文件加载到单片机中。

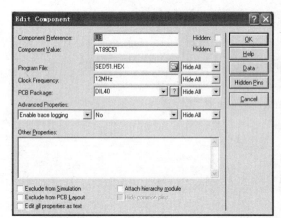 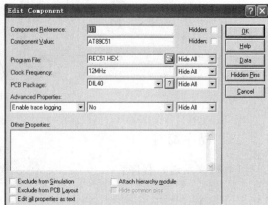

3. 在 Proteus 中进行仿真,点击改变各个开关的状态,观察数码管输出的数字。

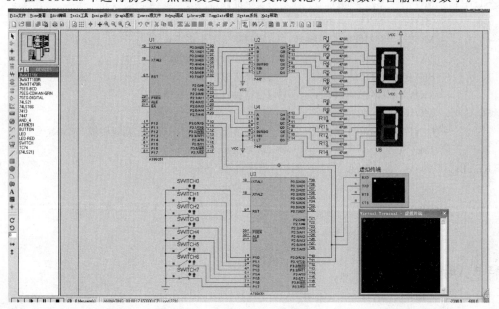

【课后练习】

1. 80C51 单片机串行接口有几种工作方式，如何选择？

2. 串行通信的接口标准有几种？

3. 设计一程序，使 LED 显示器显示你的出生年、月、日。

4. 设计一程序，将波特率改为 4800，串行口工作在方式 0，甲机发送 20H 个数据，乙机接收。

5. 设计一程序，将上述程序改为中断方式的发送和接收。

6. 80C51 单片机多机通信的特点？

单片机的系统扩展

第七章

任务一 存储器的扩展

8051 系列单片机片内有 4K ROM 或 EPROM，8031 片内无程序存储器，因此必须扩展程序存储器用以存放程序，当系统程序运行过程中需要存放的数据较多时，片内的 128 字节 RAM 通常是不够用的，也需要扩充一部分数据存储器。在本任务中通过对程序存储器和数据存储器操作时序及扩展方法的介绍，掌握单片机存储器的扩展方法。

一、程序存储器的扩展

1. 扩展总线

由于受引脚个数的限制，80C51 系列单片机的数据线和地址线（低 8 位）是分时复用的。当系统要求扩展时，为了便于与各种芯片相连接，应将其外部连线变为与一般 CPU 类似的三总线结构形式，即地址总线（AB）、数据总线（DB）和控制总线（CB）。

- 数据总线宽度为 8 位，由 P0 接口提供；

地址总线宽度为 16 位，可寻址范围达 2^{16}，即 64K。低 8 位 A7～A0 由 P0 接口经地址锁存器提供，高 8 位 A15～A8 由 P2 接口提供。由于 P0 接口是数据、地址分时复用的，所以 P0 接口输出的低 8 位地址必须用地址锁存器进行锁存：

- 控制总线由 $\overline{RD}$、$\overline{WR}$、$\overline{EA}$、ALE、$\overline{PSEN}$ 等信号组成，用于读/写控制、片外 ROM 选通、地址锁存控制和片内、片外 ROM 选择。

地址锁存器一般选用带三态缓冲输出的 8D 锁存器 74LS373。74LS373 的逻辑功能及与 80C51 系列单片机的连接方法如图 7-1 所示。

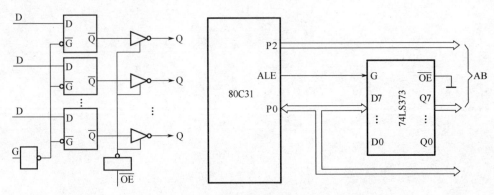

图 7-1 74LS373 的逻辑功能及与单片机的连接

图中 74LS373 是具有输出三态门的电平允许 8D 锁存器。当 G（使能端）为高电平时，锁存器的数据输出端 Q 的状态与数据输入端 D 相同（透明的）。当 G 端从高电平返回到低电平时（下降沿后），输入端的数据就被锁存在锁存器中，数据输入端 D 的变化不再影响 Q 端输出。

2. 片外 ROM 操作时序

80C51 系列单片机应用系统的扩展中，经常要进行 ROM 的扩展。其扩展方法较为简单容易，这是由单片机的优良扩展性能决定的。单片机的地址总线为 16 位，扩展的片外 ROM 的最大容量为 64KB，地址范围是 0000H～FFFFH。扩展的片外 RAM 的最大容量也为 64KB，地址范围也是 0000H～FFFFH。由于 80C51 采用不同的控制信号和指令（CPU 对 ROM 的读操作由 $\overline{PSEN}$ 控制，指令用 MOVC 类；CPU 对 RAM 读操作用 $\overline{RD}$ 控制，指令用 MOVX），所以，尽管 ROM 与 RAM 的逻辑地址是重叠的（物理地址是独立的），也不会发生混乱。80C51 对片内和片外 ROM 的访问使用相同的指令，内外 ROM 的选择是硬件实现的。当 $\overline{EA}=0$ 时，选择片外 ROM；当 $\overline{EA}=1$ 时，选择片内 ROM。

由于超大规模集成电路制造工艺的发展，芯片集成愈来愈高，扩展 ROM 时使用的 ROM 芯片数量愈来愈少，因此芯片选择多采用线选法，而地址译码法用得较少。ROM 与 RAM 共享数据总线和地址总线。

访问片外 ROM 的时序如图 7-2 所示。

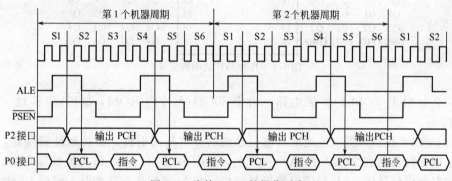

图 7-2　片外 ROM 的操作时序

从图中可见，地址锁存允许信号 ALE 上升为高电平后，P2 接口输出高 8 位地址 PCH，P0 接口输出低 8 位地址 PCL；ALE 下降为低电平后，P2 接口信息保持不变，而 P0 接口将用来取片外 ROM 中的指令码。因此，低 8 位地址要在 ALE 降为低电平之前由外部地址锁存器锁存起来。在 $\overline{PSEN}$ 输出负跳变选通片外 ROM 后，P0 接口转为输入状态，读入片外 ROM 的指令字节。

从图中还可以看出，80C51 系列单片机的 CPU 在访问片外 ROM 的一个机器周期内，信号 ALE 出现两次（正脉冲），ROM 选通信号 $\overline{PSEN}$ 也两次有效，这说明在一个机器周期内，CPU 可以两次访问片外 ROM，也即在一个机器周期内可以处理两个字节的指令代码。所以，在 80C51 系列单片机指令系统中有很多单周期双字节指令。

3. ROM 芯片及扩展方法

能够作为片外 ROM 的芯片主要有 EPROM 存储器和 E^2PROM 存储器。

（1）EPROM 存储器及扩展

常用的 EPROM 芯片有 2732、2764、27128、27256、27512 等。常用的 EPROM 芯片技术特性如表 7-1 所示。

表 7-1　常见 EPROM 芯片的主要技术特性

芯片型号	2732	2764	27128	27256	27512
容量/KB	4	8	16	32	64
引脚数	24	28	28	28	28
读出时间/ns	100～300	100～200	100～300	100～300	100～300
最大工作电流/mA	100	75	100	100	125
最大维持电流/mA	35	35	40	40	40

芯片的容量不同，引脚也不同，但使用方法相近。图 7-3 为几种芯片的引脚定义。

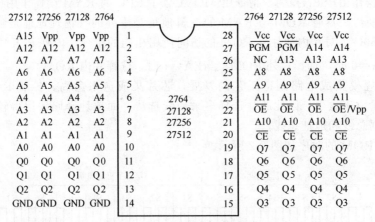

图 7-3　几种芯片的引脚定义

图 7-4 为 8KB ROM 的扩展电路。由于 80C31 无片内 ROM，故 $\overline{EA}$ 应接地，使用片外 ROM。

80C31 的 P0 接口为低 8 位地址及数据总线的分时复用引脚，需接地址锁存器，将低 8 位的地址锁存后再接到 2764A 的 A0～A7 上，图中采用 74LS373 作为地址锁存器。80C31 的地址锁存允许信号线 ALE 接锁存器控制端 G，当 ALE 发生负跳变时，将低 8 位地址锁存于 74LS373 中，这时 P0 接口就可作为数据总线使用了。

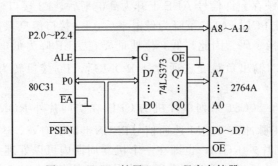

图 7-4　80C31 扩展 2764A 程序存储器

2764A 的高位地址线有 5 条：A8～A12，直接接到 P2 接口的 P2.0～P2.4 即可，2764A 的输出允许信号 $\overline{OE}$ 由 80C31 的片外 ROM 读选通信号 $\overline{PSEN}$ 控制。

由于是单片机 EPROM 扩展，故无需考虑片选问题，2764A 的片选端 $\overline{CE}$ 可直接接地。

（2）$E^2 PROM$ 存储器及扩展

E² PROM 具有 ROM 的非易失性，同时又具有 RAM 的随机读/写特性，每个单元可以重复进行 1 万次改写，保留信息的时间长达 20 年。所以，既可以作为 ROM，也可以作为 RAM。

E² PROM 对硬件电路无特殊要求，操作简便。早期设计的 E² PROM 是依靠片外高压电源（约 20V）进行擦写，近期已将高压电源集成在芯片内，可以直接使用单片机系统的 5V 电源在线擦除和改写。在芯片的引脚设计上，8KB 的 E² PROM 2864A 与同容量的 EPROM 2764A 和静态 RAM 6264 是兼容的，给用户的硬件设计和调试带来了极大的方便。

E² PROM 的擦出时间较长（约 10ms），必须保证足够的写入时间，有的 E² PROM 芯片设有写入结束标志，可供中断查询。将 E² PROM 作为 ROM 使用时，应按 ROM 的连接方法编址。

常用的 E² PROM 芯片是 2817、2864 等。图 7-5 是 2864A 的引脚图。

图中涉及的引脚符号功能如下：

Ai～A0：地址输入线，i = 10（2817A）或 12（2864A）。

Q7～Q0：双向三态数据线。

$\overline{CE}$：片选信号输入线，低电平有效。

$\overline{OE}$：读选通信号输入线，低电平有效。

$\overline{WE}$：写选通信号输入线，低电平有效。

NC：空（2817A 为 RDY/$\overline{BUSY}$，在写操作时，其低电平表示"忙"，写入完毕后该线为高电平，表示"准备好"）。

V_{CC}：主电源，+5V。

GND：接地端。

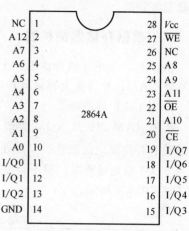

图 7-5　2864A 引脚图

常用的几种 E² PROM 主要技术特性如表 7-2 所示。

表 7-2　常见 E² PROM 芯片的主要技术特性

芯片型号	2732	2764	27128	27256	27512
引脚数	24	28	28	28	28
取数时间/ns	250	200/250	250	200/250	250
读操作电压/V	5	5	5	5	5
写操作电压/V	21	5	21	5	5
字节擦除时间/ms	10	9～15	10	10	10
写入时间/ms	10	9～15	10	10	10

2864A 的扩展与 2764A 类似，此处不再赘述。

ROM 芯片容量确定后，还要选择能满足应用系统应用环境要求的芯片型号。如在确定了 8KB 的容量以后，应根据不同的应用参数在 2764 中选择相应的型号规格芯片。应用参数主要有：最大读取时间、电源容差、工作温度及老化时间等。应注意芯片的速度是否能和 80C51 系列单片机的 $\overline{PSEN}$ 信号匹配，对于采用 12MHz 晶振的 80C51 系列单片机，$\overline{PSEN}$ 的信号宽度为 230ns，选用芯片的读数时间应小于 230ns。若所选型号不能满足使用环境的要求时，会造成工作不可靠，甚至不能工作。

根据实际的应用系统容量要求选择 ROM 芯片时，应用系统电路应尽可能简化。在满足容量要求的前提下，尽可能选择大容量的芯片，减少芯片组合数量，以减轻总线的负担。目前大容量芯片的价格日趋便宜，所以采用大容量芯片无论从经济效益还是系统的紧凑型方面都是有好处的。

二、数据存储器的扩展

由于 80C31 单片机片内 RAM 仅 128B，当系统要求较大容量的数据存储时，就需要扩展片外 RAM，片外最大容量可扩展到 64KB。

1. RAM 扩展原理

扩展 RAM 和扩展 ROM 类似，由 P2 接口提供高 8 位地址，P0 接口分时地作为低 8 位地址线和 8 位双向数据总线。片外 RAM 的读和写由 80C51 的 $\overline{RD}$ 和 $\overline{WR}$ 信号控制，所以，虽然与 ROM 的地址重叠，但不会发生混乱。CPU 对扩展的片外 RAM 进行读写操作的时序如图 7-6 和图 7-7 所示。

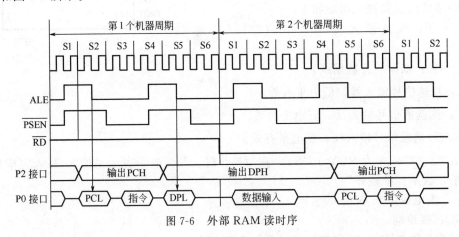

图 7-6　外部 RAM 读时序

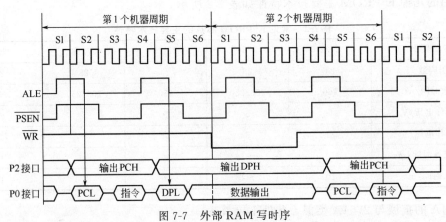

图 7-7　外部 RAM 写时序

由图可以看出，P2 接口输出片外 RAM 的高 8 位地址（DPH 内容），P0 接口输出片外 RAM 的低 8 位地址（DPL 内容）并由 ALE 的下降沿锁存在地址锁存器中。若接下来是读操作，则 P0 接口变为数据输入方式，在读信号 $\overline{RD}$ 有效时，片外 RAM 中相应单元的内容出现在 P0 接口线上，由 CPU 读入到累加器 A 中；若接下来是写操作，则 P0 接口变为数据输出方式，在写信号 $\overline{WR}$ 有效时，将 P0 接口线上出现的累加器 A 中的内容写入到相应的片外 RAM 单元中。

80C51 系列单片机通过 16 根地址线可分别对片外 64KB ROM（无片内 ROM 的单片机）及片外 64KB RAM 寻址。在对片外 ROM 操作的整个取指令周期里，$\overline{PSEN}$ 为低电平，以选通片外 ROM，而 $\overline{WR}$ 和 $\overline{RD}$ 始终为高电平。此时片外 RAM 不能进行读写操作；在对片外 RAM 操作的周期，$\overline{WR}$ 和 $\overline{RD}$ 为低电平，$\overline{PSEN}$ 为高电平，所以对片外 ROM 不能进行读操作，只能对片外 RAM 进行读或写操作。

2. 数据存储器扩展方法

（1）数据存储器

目前，常用的数据存储器 SRAM 芯片有 6116、6264、62256 等，主要技术特性、工作方式如表 7-3、表 7-4 所示，引脚排列如图 7-8 所示。

表 7-3　常用 RAM 芯片的主要技术特性

芯 片 型 号	6116	6264	62256
容量/KB	2	8	32
引脚数	24	28	28
工作电压/V	5	5	5
典型工作电流/mA	35	40	8
典型维持电流/mA	5	2	0.5
典型存取时间/ns	200	200	200

表 7-4　常用 RAM 芯片的工作方式

方式	$\overline{CE}$	$\overline{OE}$	$\overline{WE}$	D0～D7
读	0	0	1	数据输入
写	0	1	0	数据输出
维持	1	任意	任意	高阻状态

图中涉及的引脚符号功能如下：

Ai～A0：地址输入线，i＝10/12/13/14（6116/6264/62128/62256）。

D0～D7：三态双向数据线。

$\overline{CE}$：片选信号输入线，低电平有效。

$\overline{OE}$：读选通信号输入线，低电平有效。

$\overline{WE}$：写选通信号输入线，低电平有效。

CS：6264 的片选信号输入线，高电平有效，可用于掉电保护。

（2）数据存储器扩展电路

用 6264 扩展 8KB 的 RAM 如图 7-9 所示。芯片允许用 P2.7 进行控制，当 P2.7 为低电平时，6264 被选中，因此片外 RAM 的地址为 0000H～1FFFH。片选线 CS 接高电平，保持有效状态，并可以进行断掉保护。

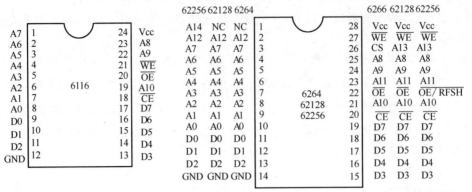

图 7-8　常用数据存储器的引脚

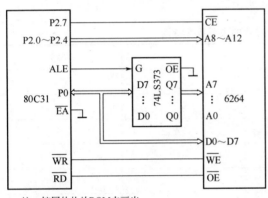

注：扩展的片外ROM未画出

图 7-9　6264 的扩展电路

此外，还可以利用 E²PROM 特点，在单片机应用系统中作为 RAM 进行扩展。E²PROM 作为 RAM 时，使用 RAM 的地址、控制信号及操作指令。与 RAM 相比，其擦写时间较长，故在应用中，应根据芯片的要求采用等待或中断或查询的方法来满足擦写时间要求。某些 E²PROM 与 SRAM 具有兼容性，如 2816A 于 6116 完全兼容，在电路中可完全替代。但在替代使用时，要注意数据写入其中必须保证有足够的擦写时间（9～10ms）。作为 RAM 时，若采用并行 E²PROM 芯片，其数据线除了可以直接与数据总线相连外，也可以通过扩展 I/O 与之相连。E²PROM 的数据改写次数有限，且写入速度慢，不宜用在改写频繁、存取速度高的场合。具体扩展电路参见有关资料。

将图 7-4 和图 7-9 合并，可以构成完整的扩展了 ROM 和 RAM 的应用系统，读者可以自己完成相应的接线。

三、外部数据存储器的应用

1. 实训目的

学习片外存储器扩展方法。

学习数据存储器不同的读写方法。

学习片外存储器的读方法。

2. 实训设备

80C51 教学实验系统一台，PC 机一台，相关应用软件。

3. 实训要求

了解某一随机读写存储器的特性，熟悉存储器扩展方法和存储器读/写过程，掌握存储器与 CPU 的连接方法。

4. 实训方法

使用一片 6264 RAM，作为片外扩展的数据贮存器，对其进行读写。

5. 实训流程

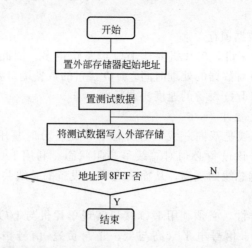

开始

置外部存储器起始地址

置测试数据

将测试数据写入外部存储

地址到 8FFF 否 —N

Y

结束

任务二　并行接口的扩展

80C51 单片机内部有 4 个并行口和 1 个串行口，对于简单的 I/O 设备可以直接连接。当系统较为复杂时，往往要借助于输入/输出接口电路（简称 I/O 接口）完成单片机与 I/O 设备的连接。在本任务中通过对输入输出简单扩展方法和可编程接口 8155 的扩展方法的介绍，掌握单片机并行接口扩展方法。

原始数据或现场信息要利用输入设备输入到单片机中，单片机对输入的数据进行处理加工后，还要输出给输出设备。常用的输入设备有键盘、开关及各种传感器等，常用的输出设备有 LED（或 LCD）显示器、微型打印机及各种执行机构等。

80C51 单片机内部有 4 个并行口和 1 个串行口，对于简单的 I/O 设备可以直接连接。当系统较为复杂时，往往要借助于输入/输出接口电路（简称 I/O 接口）完成单片机与 I/O 设备的连接。现在，许多 I/O 接口已经系列化、标准化，并具有可编程功能。

一、输入/输出接口的功能

CPU 与 I/O 设备间的数据传送，实际上是 CPU 与 I/O 接口间的数据传送。单片机与 I/O 设备间的关系如图 7-10 所示。

I/O 接口电路中能被 CPU 直接访问的寄存器称为 I/O 端口。1 个 I/O 接口芯片可以包含几个 I/O 端口。如数据端口、控制端口、状态端口等。

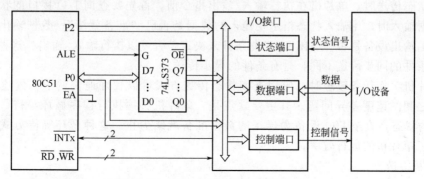

图 7-10　单片机与 I/O 设备的关系

单片机应用系统的设计，在某种意义上可以认为是 I/O 接口芯片的选配和驱动软件的设计。I/O 接口的功能如下。

1. 对单片机输出的数据锁存

就对数据的处理速度来讲，单片机要比 I/O 设备快得多。因此单片机对 I/O 设备的访问时间大大短于 I/O 设备对数据的处理时间。I/O 接口的数据端口要锁存数据线上瞬间出现的数据，以解决单片机与 I/O 设备的速度协调问题。

2. 对输入设备的三态缓冲

单片机系统的数据总线是双向总线，是所有 I/O 设备分时复用的。设备传送数据时要占用总线，不传送数据时该设备必须对总线呈高阻状态。利用 I/O 接口的三态缓冲功能，可以实现 I/O 设备与数据总线的隔离，从而实现 I/O 设备的总线共享。

3. 信号转换

由于 I/O 设备的多样性，必须利用 I/O 接口实现单片机与 I/O 设备间的信号类型（数字与模拟、电流与电压）、信号电平（高与低、正与负）、信号格式（并行与串行）等的转换。

4. 时序协调

单片机输入数据时，只有在确知输入设备已向 I/O 接口提供了有效的数据后，才能进行读操作；单片机输出数据时，只有在确知输出设备已做好了接收数据的准备后，才能进行写操作。不同的 I/O 设备的定时与控制逻辑是不同的，且与 CPU 的时序往往是不一致的，这就需要 I/O 接口进行时序的协调。

二、单片机与 I/O 设备的数据传送方式

不同的 I/O 设备，需用不同的传送方式。CPU 可以采用无条件传送、查询传送、中断传送和 DMA 传送与 I/O 设备进行数据交换。

1. 无条件传送

这种传送方式不测试 I/O 设备的状态，只在规定的时间单片机用输入或输出指令来进行数据的输入或输出，即用程序来定时同步传送数据。

数据输入时，所选数据端口的数据必须已经准备好，即输入设备的数据已送到 I/O 接口的数据端口，单片机直接执行输入指令。数据输出时，所选数据端口必须为空（数据已被输出设备取走），即数据端口处于准备接收数据状态，单片机直接执行输出指令。

此种方式只适应于对简单的 I/O 设备（如开关、LED 显示器、继电器等）的操作，或者 I/O 设备的定时固定或已知的场合。

2. 查询状态传送

查询状态传送时，单片机在执行输入/输出指令前，首先要查询 I/O 接口的状态端口的状态。数据输入时，用输入状态指示要输入的数据是否已"准备就绪"；数据输出时，用输出状态指示输出设备是否"空闲"。由此条件来决定是否可以执行输入/输出。这种传送方式与前述无条件的同步传送不同，是有条件的异步传送。

当单片机工作任务较轻时，应用查询状态传送方式可以较好地协调中、慢速 I/O 设备与单片机之间的速度差异问题。其主要缺点是：单片机必须执行程序循环等待，不断测试 I/O 设备的状态，直至 I/O 设备为传送的数据准备就绪为止。这种循环等待方式花费时间多，降低了单片机的运行效率。

3. 中断传送方式

查询状态传送方式会使单片机运行效率降低，而且在一般实时控制系统中，往往有数十

乃至数百个 I/O 设备，有些 I/O 设备还要求单片机为它们进行实时服务。若用查询方式除浪费大量的查询等待时间外，还很难及时地响应 I/O 设备的请求。

采用中断传送方式，I/O 设备处于主动申请中断的地位。所谓中断，是指 I/O 设备或其他中断源终止单片机当前正在执行的程序，转去执行为该 I/O 设备服务的中断程序。一旦中断服务结束，再返回执行原来的程序。这样，在 I、Osheb 处理数据期间，单片机就不必浪费大量的时间去查询 I/O 设备的状态。

在中断传达方式中，单片机与 I/O 设备并行工作，工作效率大大提高。

4. 直接存储器存取（DMA）方式

利用中断传送方式，虽然可以提高单片机的工作效率，但它仍需由单片机通过执行程序来传送数据，并在处理中断时，还要"保护现场"和"恢复现场"，而这两部分操作的程序段又与数据传送没有直接关系，却要占用一定时间。这对于高速外设以及成组交换数据的场合，就显得太慢了。

DMA（Direct Memory Access）方式是一种采用专用硬件电路执行输入/输出的传送方式，它使 I/O 设备可直接与内存进行高速的数据传送，而不必经过 CPU 执行传送程序，这就不必进行保护现场之类的额外操作，实现了对存储器的直接存取。这种传送方式通常采用专门的硬件 DMA 控制器（即 DMAC，如 Intel 公司的 8257 及 Motorola 的 MC6844 等），也可以选用具有 DMA 通道的单片机，如 80C152J 或 83C152J。

三、并行接口的扩展

在 80C51 系列单片机扩展方式的应用系统中，P0 接口和 P2 接口用来作为外部 ROM、RAM 和扩展 I/O 接口的地址线，而不能作为 I/O 接口。只有 P1 接口及 P3 接口的某些位线可直接用作 I/O 线。因此，单片机提供给用户的 I/O 接口线并不多，对于复杂一些的应用系统都需要进行 I/O 口的扩展。

1. 并行输入/输出接口的简单扩展

在一些应用系统中，常利用 TTL 电路或 CMOS 电路进行并行数据的输入或输出。80C31 单片机将片外扩展的 I/O 口和片外 RAM 统一编址，扩展的接口相当于扩展的片外 RAM 的单元，访问外部接口就像访问外部 RAM 一样，使用的都是 MOVX 指令，并产生读（$\overline{RD}$）或写（$\overline{WR}$）信号。用 RD、WR 作为输入/输出控制信号，如图 7-11 所示。

图 7-11 中可见，P0 为双向接口，既能从 74LS244 输入数据，又能将数据传送给

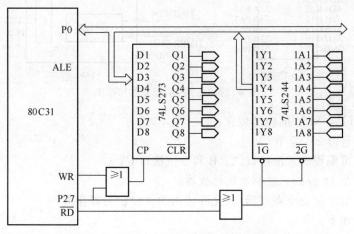

图 7-11　用 TTL 芯片扩展并行 I/O 接口

74LS273 输出。

输入控制信号由 P2.7 和 $\overline{RD}$ 经或门合成一负脉冲信号,将数据输入端的数据送到 74LS244 的数据输出端,并经 P0 接口读入单片机。

输出控制信号由 P2.7 和 $\overline{WR}$ 经或门合成一负脉冲信号,该负脉冲信号的上升沿(后沿)将 P0 接口数据送到 74LS273 的数据输出端并锁存。

输入和输出都是在 P2.7 为低电平时有效,74LS273、74LS244 的地址都是 7FFFH,但由于分别采用 $\overline{RD}$ 和 $\overline{WR}$ 信号控制,不会发生冲突。如果系统中还有其他扩展 RAM,应将其地址空间区分开来。

在进行接口扩展时,如果扩展接口较多,应对其进行统一编址,避免地址冲突。同时注意总线的负载能力。80C51 系列单片机的 P0 接口作为数据总线,其负载能力为 8 个 LS 型 TTL 负载;P2 接口作为地址总线,其负载能力为 4 个 LS 型 TTL 负载。如果超载需要增加总线驱动器,如 74LS245 和 74LS244 等。

在选择触发器或锁存器作为接口芯片时,应注意芯片的不同特点。触发器采用边沿触发送数,锁存器采用电平触发送数。如作为锁存器的 74LS373 是高电平送数,低电平锁存;而作为触发器的 74LS273 是脉冲的上升沿送数锁存。

2. 可编程接口 8155 的扩展

8155 芯片是单片机应用系统中广泛使用的芯片之一,其内部包含 256B 的 SRAM,两个 8 位并行接口,一个 6 位并行接口和一个 14 位计数器(当输入脉冲频率固定时,可以作为定时器),它与 80C51 系列单片机的接口非常简单。

(1) 8155 的引脚及结构

8155 芯片采用 40 线双列直插式封装,其引脚和内部结构如图 7-12 所示。

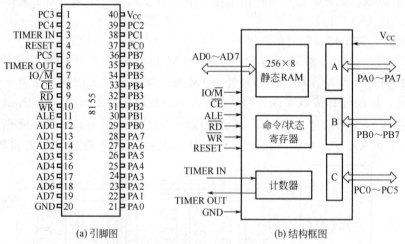

(a) 引脚图　　　　(b) 结构框图

图 7-12 8155 的引脚及结构框图

由图 7-12 可见,8155 的内部包含:

SRAM:容量为 256 字节;

并行接口:可编程的 8 位接口 A、B 和 6 位接口 C;

计数器:一个 14 位的二进制减法计数器;

只允许写入的 8 位命令寄存器/只允许读出的 8 位状态寄存器。

各引脚功能如下:

AD7~AD0:三态地址/数据总线。可直接与 80C51 系列单片机的 P0 接口连接。

ALE：地址锁存允许信号输入端。其信号的下降沿将 AD7～AD0 线上的 8 位地址锁存在内部地址寄存器中。该地址可以作为 256B 存储器的地址，也可以是 8155 内部各端口地址，这将由输入的 IO/$\overline{\text{M}}$ 信号的状态来决定。在 AD7～AD0 引脚上出现的数据是写入还是读出 8155，由系统控制信号$\overline{\text{RD}}$和$\overline{\text{WR}}$来决定。

$\overline{\text{CE}}$：片选信号，低电平有效。

IO/$\overline{\text{M}}$：内部端口和 SRAM 选择信号。当 IO/$\overline{\text{M}}$＝1 时，选中内部端口；当 IO/$\overline{\text{M}}$＝0 时，选中 SRAM。

$\overline{\text{WR}}$：写选通信号，低电平有效时，将 AD7～AD0 上的数据写入 SRAM 的某一单元（IO/$\overline{\text{M}}$＝0 时），或写入某一端口（IO/$\overline{\text{M}}$＝1 时）。

$\overline{\text{RD}}$：读选通信号，低电平有效时，将 8155 SRAM 某单元的内容读至数据总线（IO/$\overline{\text{M}}$＝0 时），或将内部端口的内容读至数据总线（IO/$\overline{\text{M}}$＝1 时）。

PA7～PA0：A 口的 8 根通用 I/O 线。数据的输入或输出的方向由可编程的命令寄存器内容决定。

PB7～PB0：B 口的 8 根通用 I/O 线。数据的输入或输出的方向可由可编程的命令寄存器内容决定。

PC7～PC0：C 口的 6 根数据/控制线。通用 I/O 方式时传送 I/O 数据，A 或 B 口选通 I/O 方式时传送控制和状态信息。控制功能的实现由可编程命令寄存器内容决定。

TIMER IN：计数器时钟输入端。

TIMER OUT：计数器输出端。其输出信号是矩形还是脉冲，是输出单个信号还是连续信号，由计数器的工作方式决定。

（2）8155 的内部编址

8155 的内部 RAM 地址为 00H～FFH。

8155 的内部端口地址为：

000——命令/状态寄存器

001——A 口

010——B 口

011——C 口

100——计数器低 8 位

101——计数器高 6 位及计数器方式设置位

（3）工作方式设置及状态字格式

8155 的工作方式由可编程命令寄存器内容决定，状态可以由读出状态寄存器的内容获得。8155 命令寄存器和状态寄存器为独立的 8 位寄存器。在 8155 内部，从逻辑上说，只允许写入命令寄存器和读出状态寄存器。实际上，读命令寄存器内容及写状态寄存器的操作是既不允许，也是不可能实现的。因此，命令寄存器和状态寄存器可以采用同一地址，以简化硬件结构，并将两个寄存器简称为命令/状态寄存器，用 C/S 表示。

1）方式设置

8155 的工作方式设置通过将命令字写入命令寄存器实现。命令寄存器由 8 位锁存器组成，各位的定义如下：

位号	7	6	5	4	3	2	1	0
地址：000	TM2	TM1	IEB	IEA	PC2	PC1	PB	PA

PA：A 口数据传送方向设置位。0：输入；1：输出。

PB：B 口数据传送方向设置位。0：输入；1：输出。

PC1、PC2：C 口工作方式设置位，如表 7-5 所示。

表 7-5　C 口工作方式

PC2 PC1	工作方式	说　明
00	ALT1	A、B 口为基本 I/O,C 口方向为输入
11	ALT2	A、B 口为基本 I/O,C 口方向为输出
01	ALT3	A 口为选通 I/O,PC0～PC2 作为 A 口的选通应答 B 口为选通 I/O,PC3～PC5 方向为输出
10	ALT4	A 口为选通 I/O,PC0～PC2 作为 A 口的选通应答 B 口为选通 I/O,PC3～PC5 作为 B 口的选通应答

IEA：A 口的中断允许设置位。0：禁止；1：允许。

IEB：B 口的中断允许设置位。0：禁止；1：允许。

TM2、TM1：计数器工作方式设置位，见表 7-6 所示。

表 7-6　C 定时/计数器命令字

TM2 TM1	工作方式	说　明
00	方式 0	空操作,对计数器无影响
01	方式 1	使计数器停止计数
10	方式 2	减 1 计数器回 0 后停止工作
11	方式 3	未计数时,送完初值及方式后立即启动计数; 正在计数时,重置初值后,减 1 计数器回 0 则按新计数初值计数

2）状态字格式

8155 的状态寄存器由 8 位锁存器组成，其最高位为任意值。通过读 C/S 寄存器的操作（即用输入指令），读出的是状态寄存器的内容。8155 的状态字格式如下：

位号	7	6	5	4	3	2	1	0
地址：000		TIMER	INTEB	BFB	INTRB	INTRA	BFA	INTRA

INTRx：中断请求标志。此处 x 表示 A 或 B。INTRx＝1，表示 A 或 B 口有中断请求；INTRx＝0，表示 A 或 B 口无中断请求。

BFx：口缓冲器空/满标志。BFx＝1，表示口缓冲器已装满数据，可由外设或单片机取走；BFx＝0，表示口缓冲器为空，可以接受外设或单片机发送数据。

INTEx：口中断允许/禁止标志。INTEx＝1，表示允许口中断；INTFx＝0，表示禁止口中断。

以上 6 个状态中，表明 A 和 B 口处于选通工作方式时才具有的工作状态。

TIMER：计数器计满标志。TIMER＝1，表示计数器的原计数初值已计满回零；TIMER＝0，表示计数器尚未计满。

（4）计数器输出模式

8155 的计数器是一个 14 位的减法计数器，它能对输入的脉冲进行计数，在到达最后一个计数值时，输出一个矩形波或脉冲。

要对计数的过程进行控制，必须首先装入计数长度。由于计数长度为 14 位，而每次装入的长度只能是 8 位，故必须分两次装入。装入计数长度寄存器的值为 2H～3FFFH。15、14 两位用于规定计数器的输出方式。计数器寄存器的格式为：

位号	15	14	13	12	11	10	9	8	7	6	5	4	3	2	1	0
	M2	M1	T13	T12	T11	T10	T9	T8	T7	T6	T5	T4	T3	T2	T1	T0

最高两位（M2、M1）定义计数器输出方式，如表 7-7 所示。

表 7-7　计数器输出方式

M2 M1	工作方式	说　明
00	方式 0	单方波输出。计数期间为低电平，计数器回 0 后输出高电平。
01	方式 1	连续方波输出。计数前半部分输出高电平，后半部分输出低电平。
10	方式 2	单脉冲输出。计数器回 0 后输出一个单脉冲。
11	方式 3	连续脉冲输出(计数值自动重装)。计数器回 0 后输出单脉冲，又自动向计数器重装原计数值,回 0 后又输出单脉冲,如此循环。

需要指出的是，硬件复位信号 RESET 的到达，会使计数器停止工作，直至由 C/S 寄存器再发出启动计数器命令。

（5）选通 I/O 的组态

对 8155 命令字的 PC2、PC1 位编程，使 A 或 B 口工作在选通方式时，C 口的 PC0～PC5 就被定义为 A 或 B 口选通 I/O 方式的应答和控制线。功能如表 7-8 所示。

表 7-8　C 口的控制分配表

工作方式	PC5	PC4	PC3	PC2	PC1	PC0
ALT1			输入			
ALT2			输出			
ALT3		输出		$\overline{STBA}$	BFA	INTRA
ALT4	$\overline{STBB}$	BFB	INTRB	$\overline{STBA}$	BFA	INTRA

选通方式的组态逻辑如图 7-13 所示。

（6）8155 芯片与单片机的接口

80C51 系列单片机可以与 8155 直接连接而不需要附加任何电路。使系统增加 256 字节的 RAM，22 位 I/O 线及一个计数器。80C51 与 8155 的接口方法如图 7-14 所示。

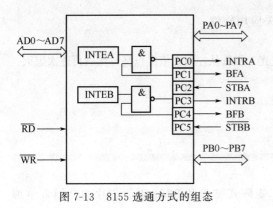

图 7-13　8155 选通方式的组态　　　　图 7-14　8155 与 80C51 的连接

8155 中 RAM 地址因 P2.7 (A15)=0 及 P2.0 (A8)=0，故可选为 0111 1110 0000 0000B (7E00H)～0111 1110 1111 1111B (7EFFH)。I/O 端口的地址由表 7-9 得：7F00H～7F05H。

表 7-9　地址分配表

A15 A14 A13 A12 A11 A10 A9 A8 A7 A6 A5 A4 A3 A2 A1 A0	I/O 口
0× × × × × ×1× × × × × 0 0 0	命令/状态口
0× × × × × ×1× × × × × 0 0 1	A 口
0× × × × × ×1× × × × × 0 1 0	B 口
0× × × × × ×1× × × × × 0 1 1	C 口
0× × × × × ×1× × × × × 1 0 0	计数器低 8 位
0× × × × × ×1× × × × × 1 0 1	计数器高 6 位及方式

若 A 口定义为基本输入方式，B 口也定义为基本输出方式，计数器作为方波发生器，对 80C51 输入脉冲进行 24 分频（但需要注意 8155 的计数最高频率约为 4MHz），则 8155 I/O 口初始化程序如下：

```
START:  MOV    DPTR,#7F04H      ;指向计数寄存器低 8 位
        MOV    A,#18H           ;设计数器初值#18H(24D)
        MOVX   @DPTR,A          ;计数器寄存器低 8 位赋值
        INC    DPTR             ;指向计数寄存器高 6 位及方式位
        MOV    A,#40H           ;计数器为连续方波方式
        MOVX   @DPTR,A          ;计数寄存器高 6 位赋值
        MOV    DPTR,#7F00H      ;指向命令寄存器
        MOV    A,#0C2H          ;设命令字
        MOVX   @DPTR,A          ;送命令字
```

在需要同时扩展 RAM 和 I/O 接口及计数器的应用系统中选用 8155 是特别经济的。8155 的 SRAM 可以作为数据缓冲器，8155 的 I/O 接口可以外接打印机、A/D、D/A、键盘等控制信号的输入输出。8155 的定时器可以作为分频器或定时器。

四、并口扩展的应用

1. 实训目的

学会使用并口扩展芯片 8155。

了解并口的扩展原理。

2. 实训设备

80C51 教学实验系统一台，PC 机一台，相关应用软件。

3. 实训要求

用 8155 扩展出的 I/O 口点亮发光二极管，使发光二极管从左向右依次点亮，然后再逐次熄灭。

4. 实训方法

使用一片 8155，对 8155 的 I/O 口进行扩展。

任务三　显示器与键盘接口

在本任务中通过七段显示器、独立式键盘、矩阵式键盘和 8279 扩展芯片的介绍，掌握单片机显示器与键盘接口扩展方法。

一、显示器及其接口

1. 七段显示器的原理

显示器是单片机应用系统常用的设备，包括 LED、LCD 等。LED 显示器由若干个发光二极管组成。当放光二极管导通时，相应的一个笔画或一个点就发光。控制相应的二极管导通，就能显示出对应字符，七段 LED 显示器如图 7-15 所示。

七段 LED 通常构成字型"８"还有一个发光二极管用来显示小数点。各段 LED 显示器需要由驱动电路驱动。在七段 LED 显示器中，通常将各段发光二极管的阴极或阳极连在一起作为公共端，这样可以使驱动电路简单。将各段发光二极管阳极连在一起的叫共阳极显示器，用低电平驱动；将阴极连在一起的叫共阴极显示器，用高电平驱动。

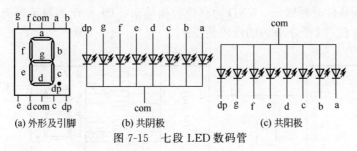

(a) 外形及引脚　　　　(b) 共阴极　　　　(c) 共阳极

图 7-15　七段 LED 数码管

2. 显示方式及接口

（1）静态显示

所谓静态显示，是指显示器显示某一字符时，相应段的发光二极管恒定地导通或截止。静态显示有并行输出和串行输出两种方式。

图 7-16 所示为并行输出的 3 位共阳 LED 静态显示接口电路。

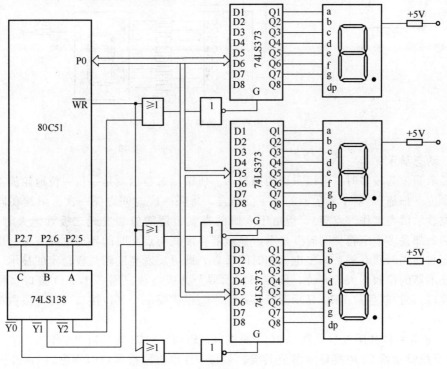

图 7-16　并行输出的静态显示电路

七段 LED 显示器的 a、b、c、d、e、f 段导通，g 段截止，则显示"⊓"。并行显示方式每个十进制位都需要有一个 8 位输出接口控制，图中采用 3 片 74LS373 扩展并行 I/O 接口，接口地址是由 74LS138 译码器的输出决定的，74LS138 的 A、B、C 分别接 80C51 的 P2.5、P2.6、P2.7，所以 3 片 74LS373 的地址分别为 1FFFH、3FFFH、5FFFH。译码输出信号与单片机的写信号一起控制对各 74LS373 的数据的写入。

对于静态显示方式，LED 显示器由接口芯片直接驱动，采用较小的驱动电流就可以得到较高的显示亮度。但是，并行输出显示的十进制位数多时需要并行 I/O 接口芯片数量较多。

采用串行输出可以大大节省单片机的内部资源。图 7-17 为串行输出 3 位共阳极 LED 显示器接口电路。串并转换器采用 74LS164，低电平时允许通过 8mA 电流，无须添加其他驱动电路。TXD 为移位时钟输出，RXD 为移位数据输出，P1.0 作为显示器允许控制输出线。每次串行输出 24 位（3 个字节）的段码数据。

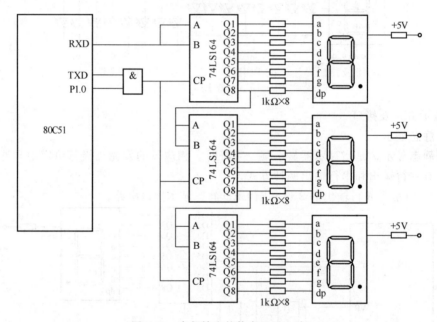

图 7-17　串行输出的静态显示电路

（2）动态显示

当显示器位数较多时，可以采用动态显示。所谓动态显示就是一位一位地轮流点亮显示器的各个位（扫描）。对于显示器的每一位而言，每隔一段时间点亮一次。虽然在同一时刻只有一位显示器在工作（点亮），但由于人眼的视觉暂留效应和发光二极管熄灭时的余晖，我们看到的却是多个字符"同时"显示。显示器亮度既与点亮时的导通电流有关，也与点亮时间长短和间隔时间有关。调整电流和时间参数，即可实现亮度较高较稳定的显示。

若显示器的位数不大于 8 位，则控制显示器公共极电位只需一个 I/O 接口（称为扫描口或字位口），控制各位 LED 显示器所显示的字型也需要一个 8 位接口（称为段数据口或字型口）。

图 7-18 为六位共阴极显示器与 8155 的接口逻辑图。8155 的端口 PA 作为扫描口（字位口），经反相驱动器 7404 接显示器公共极。端口 PB 作为段数据口（字型口），经同相驱动器 7407 接显示器的各个极。

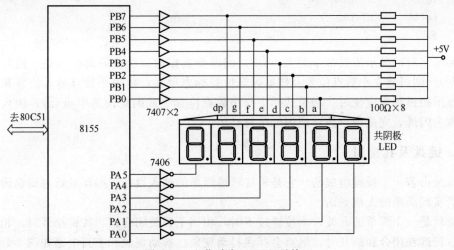

图 7-18　六位动态 LED 显示接口

对应图中的六位 LED 显示器，80C51 单片机内部 RAM 中设置了 6 个显示缓冲单元 79H～7EH，存放 6 位欲显示的字符数据。8155 的端口 PA 扫描输出总是有一位为高电平，以选中相应的字位。端口 PB 输出相应的现实字符段数据使该位显示出相应字符，其他位为暗。依次改变端口 PA 输出为高电平的位及端口 PB 输出对应的段数据，六位 LED 显示器就可以显示出缓冲器中字符数据所确定的字符。

程序清单如下：

```
DIS:   MOV    R0,#79H          ;显示数据缓冲区首地址送 R0
       MOV    R3,#01H          ;使显示器最右边位亮
       MOV    A,R3             ;
LD0:   MOV    DPTR,#7F01H      ;数据指针指向 A 口
       MOVX   @DPTR,A          ;送扫描值
       INC    DPTR             ;数据指针指向 B 口
       MOV    A,@R0            ;取欲显示的数据
       ADD    A,#0DH           ;加上偏移量
       MOVC   A,@A+PC          ;取出字型码
       MOVX   @DPTR,A          ;送显示
       ACALL  DL1              ;调用延时子程序
       INC    R0               ;指向下一个心事段数据地址
       MOV    A,R3;
       JB     ACC.5,ELD1       ;扫描到第六个显示器否？
       RL     A                ;未到，扫描码左移 1 位
       MOV    R3,A
       AJMP   LD0
ELD1:  RET
DSEG:  DB     3FH,06H,5BH,4FH,66H,6DH
       DB     7DH,07H,7FH,6FH,77H,7CH
       DB     39H,5EH,79H,71H,40H,00H
DL1:   MOV    R7,#02H          ;延时 1ms 子程序
DL:    MOV    R6,#0FFH
```

DL6： DJNZ   R6,DL6

　　　 DJNZ   R7,DL

　　　 RET

若某些字符的显示需要带小数点（DP）或需要数据的某些位闪烁时（亮一段时间，熄一段时间），则可建立小数点位置及数据闪烁位置标志单元，指出小数点显示位置和闪烁位置，当显示扫描到相应位时（字位选择字与小数点位置字或闪烁位置字重合），加入小数点或控制改为闪烁，完成带小数点或闪烁字符显示。

二、键盘及其接口

键盘是由若干个按键组成的，它是单片机最简单的输入设备。操作员通过键盘输入数据或命令，实现简单的人机对话。

按键就是一个简单的开关。当按键按下时，相当于开关闭合；当按键松开时，相当于开关断开。按键在闭合和断开时，触点会存在抖动现象。抖动现象和去抖电路如图 7-19 所示。

按键的抖动时间一般为 5~10ms，抖动可能造成一次按键的多次处理问题。应采取措施消除抖动的影响。消除办法有多种，常采用软件延时 10ms 的方法。

在按键较少时，常采用图 7-19（b）所示的去抖电路。当按键未按下时，输出为"1"；当按键按下时输出为"0"，即使在 B 位置时因抖动瞬时断开，只要按键不回 A 位置，输出就会仍保持为"0"状态。

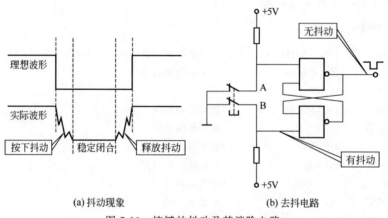

(a) 抖动现象　　　　　　　　　(b) 去抖电路

图 7-19　按键的抖动及其消除电路

当按键较多时，常采用软件延时的办法。当单片机检测到有键按下时先延时 10ms，然后再检测按键的状态，若仍是闭合状态则认为真正有键按下。当检测到按键释放时，亦需要做同样的处理。

1. 独立式键盘机器接口

独立式键盘的各个按键相互独立，每个按键独立地与一根数据输入线（单片机并行接口或其他接口芯片的并行接口）相连。如图 7-20 所示

图 7-20（a）为芯片内部有上拉电阻的接口。图 7-20（b）为芯片内部无上拉电阻的接口，这时就应在芯片外设置上拉电阻。独立式键盘配置灵活，软件结构简单，但每个按键必须占用一根接口线，在按键数量多时，接口线占用多。所以，独立式按键常用于按键数量不多的场合。

独立式键盘的软件可以采用随机扫描，也可以采用定时扫描，还可以采用中断扫描。

随机扫描是指，当 CPU 空闲时调用键盘扫描子程序，相应键盘的输入请求。对图 7-20

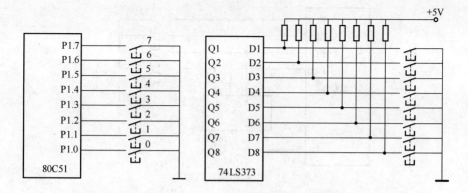

(a) 芯片内部有上拉电阻　　　　　　　(b) 芯片内部无上拉电阻

图 7-20　独立式键盘接口

（a）所示的接口电路，随机扫描程序如下。

```
SMKEY:     ORL      P1,#0FFH       ;置 P1 接口为输入方式
           MOV      A,P1           ;读 P1 接口信息
           JNB      ACC.0,P0F      ;0 号键按下,转 0 号键处理
           JNB      ACC.1,P1F      ;1 号键按下,转 1 号键处理
           ···      ···
           JNB      ACC.7,P7F      ;7 号键按下,转 7 号键处理
           JMP      SMKEY
P0F:       JMP      PROG0
P1F:       JMP      PROG1
           ···      ···
P7F:       JMP      PROG7
PROG0:     ···      ···
           ···      ···
           JMP      SMKEY
PROG1:     ···      ···
           ···      ···
           JMP      SMKEY
           ···      ···
           ···      ···
PROG7:     ···      ···
           ···      ···
           JMP      SMKEY
```

定时扫描方式是利用单片机内部定时器产生定时中断，在中断服务程序中对键盘进行扫描，并在有键按下时转入键功能处理程序。定时扫描方式的硬件接口电路与随机扫描方式相同。

对于中断扫描方式，当键盘上有键闭合时产生中断请求，CPU 相应中断并在中断服务程序中判别键盘上闭合键的键号，并作相应的处理。如图 7-21 所示。

2. 矩阵式键盘及其接口

矩阵式键盘采用行列式结构，按键设置在行列的交点上。当接口线数量为 8 时，可以将

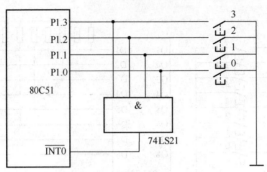

图 7-21　中断扫描接口电路

4 根接口线定义为行线，另 4 根接口线定义为列线，形成 4×4 键盘，可以配置 16 个按键，如图 7-22(a) 所示。图 7-22(b) 所示为 4×8 键盘。

矩阵式键盘的行线通过电阻接+5V（芯片内部有上拉电阻时，就不用外接了），当键盘上没有键闭合时，所有的行线与列线是断开的，行线均呈高电平。

当键盘上某一键闭合时，该键所对应的行线与列线短接。此时该行线的电平将由被短接的列线电平所决定。因此，可以采用以下方法完成是否有键按下及按下的是哪一键的判断。

判有无按键按下。将行线接至单片机的输入接口，列线接至单片机的输出接口。首先使所有列线为低电平，然后读行线状态，若行线均为高电平，则没有键按下；若读出的行线状态不全为高电平，则可以断定有键按下。

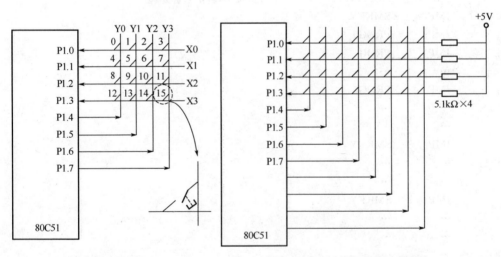

(a) 芯片内部有上拉电阻　　　　　　(b) 芯片内部无上拉电阻

图 7-22　矩阵式键盘

判断按下的是哪一个键。先让 Y0 这一列为低电平，其余列为高电平，读行线状态，如行线状态不全为 "1"，则说明所按键在该列，否则不在该列。然后让 Y1 列为低电平，其他列为高电平，判断 Y1 列有无按键按下。其余列类推。这样就可以找到所按键的行列位置。对于图 7-22(a) 所示接口电路，示例程序如下：

```
SMKEY:   MOV    P1,#0FH     ;置 P1 接口高 4 位为"0"、低 4 位为输入状态
         MOV    A,P1        ;读 P1 接口
         ANL    A,#0FH      ;屏蔽高 4 位
```

```
              CJNE     A,#0FH,HKEY      ;有键按下,转 HKEY
              SJMP     SMKEY
HKEY:         LCALL    DELAY19          ;延时 10ms,去抖
              MOV      A,P1             ;
              ANL      A,#0FH
              CJNE     A,#0FH,WKEY      ;确认有键按下,转判哪一键按下
              SJMP     SMKEY            ;是抖动转回
WKEY:         MOV      P1,#1110 1111B   ;置扫描码,检测 P1.4 列
              MOV      A,P1             ;
              ANL      A,#0FH           ;
              CJNE     A,#0FH,PKEY      ;P1.4 列(Y0)有键按下,转键处理
              MOV      P1,#1101 1111B   ;置扫描码,检测 P1.5 列
              MOV      A,P1;
              ANL      A,#0FH;
              CJNE     A,#0FH,PKEY      ;P1.5 列(Y1)有键按下,转键处理
              MOV      P1,#1011 1111B   ;置扫描码,检测 P1.6 列
              MOV      A,P1             ;
              ANL      A,#0FH           ;
              CJNE     A,#0FH,PKEY      ;P1.6 列(Y1)有键按下,转键处理
              MOV      P1,#0111 1111B   ;置扫描码,检测 P1.7 列
              MOV      A,P1             ;
              ANL      A,#0FH           ;
              CJNE     A,#0FH,PKEY      ;P1.7 列(Y1)有键按下,转键处理
              LJMP     SMKEY
PKEY:         ...      ...              ;键处理
              ...      ...
```

执行该程序后,可以获得按下键所在的行列位置,此种键识别方法称为扫描法。从原理上易于理解,但当所按键在最后一列时,所需扫描次数较多。

还可以采用线反转法完成所按键的识别。先把列线置成低电平,行线置成输入状态,读行线;再把行线置成低电平,列线输入状态,读列线。有键按下时,由两次所读状态即可确定所按键的位置。示例程序如下。

```
SMKEY:        MOV      P1,#0FH          ;置 P1 接口高 4 位为"0"、低 4 位为输入状态
              MOV      A,P1             ;读 P1 接口
              ANL      A,#0FH           ;屏蔽高 4 位
              CJNE     A,#0FH,HKEY      ;有键按下,转 HKEY
              SJMP     SMKEY
HKEY:         LCALL    DELAY19          ;延时 10ms,去抖
              MOV      A,P1             ;
              ANL      A,#0FH           ;
              MOV      B,A              ;行状态在 B 的低 4 位
              CJNE     A,#0FH,WKEY      ;确认有键按下,转判哪一键按下
              SJMP     SMKEY            ;是抖动转回
WKEY:         MOV      P1,#0F0H         ;置 P1 接口高 4 位为输入、低 4 位为"0"
              MOV      A,P1             ;
              ANL      A,#0F0H          ;屏蔽低 4 位
```

```
        ORL      A,B              ;列线状态在高 4 位,与行线状态合成于 A 中
        …        …                ;键处理
```

键处理。键处理是根据所按键散转进入相应的功能程序。为了散转的方便,通常应先得到按下键的键号。键号是键盘的每个键的编号,可以是 10 进制或 16 进制。键号一般通过键盘扫描程序取得的键值求出。键值是各键所在行号和列号的组合码。如图 7-22(a) 所示接口电路中的键 "9" 所在行号为 2,所在列号为 1,键值可以表示为 "21H"(也可以表示为 "12H",表示方法并不是唯一的,要根据具体按键的数量及接口电路而定)。根据键值中行号和列号信息就可以计算出键号,如

键号=所在行号×键盘列数+所在列号

即 $2 \times 4 + 1 = 9$

根据键号就可以方便地通过散转进入相应键的功能程序。

三、8279 芯片

由 80C51 系列单片机构成的小型测控系统或智能仪表中,常常需要扩展显示器和键盘以实现人机对话功能。8279 芯片在扩展显示器和键盘时功能强、使用方便。

8279 是 Intel 公司为 8 位微处理器设计的通用键盘/显示器接口芯片,其功能是:接收来自键盘的输入数据并作预处理;完成数据显示的管理和数据显示器的控制。单片机应用系统采用 8279 管理键盘和显示器,软件编程极为简单,显示稳定,且减少了主机的负担。

1. 8279 的结构

8279 的内部逻辑结构如图 7-23 所示。

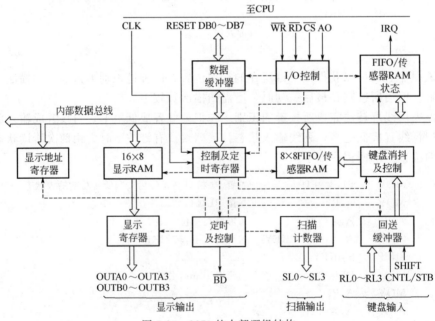

图 7-23 8279 的内部逻辑结构

由图可见,8279 主要由以下部件组成:

数据缓冲器将双向三态 8 位内部数据总线 D0~D7 与系统总线相连,用于传送 CPU 与 8279 之间的命令和状态。

控制和定时寄存器用于寄存键盘和显示器的工作方式,锁存操作命令,通过译码器产生

相应的控制信号，使 8279 的各个部件完成相应的控制功能。

定时器包含一些计数器，其中有一个可编程的 5 位计数器（计数值在 2～31 间），对 CLK 输入的时钟信号进行分频，产生 100kHz 的内部定时信号（此时扫描时间为 5.1ms，消抖时间为 10.3ms）。外部输入时钟信号周期不小于 500ns。

扫描计数器有两种输出方式：一是编码方式，计数器以二进制方式计数，4 位计数状态从扫描线 SL3～SL0 输出，经外部译码器可以产生 16 位的键盘和显示器扫描信号；另一种是译码方式，扫描计数器的低两位经内部译码后从 SL3～SL0 输出，直接作为键盘和显示器的扫描信号。

回送缓冲器、键盘消抖及控制完成对键盘的自动扫描以搜索闭合键，锁存 RL7～RL0 的键输入信息，消除键的抖动，将键输入数据写入内部先进先出存储器（FIFO RAM）。RL7～RL0 为回送信号线，作为键盘的检测输入线，由回送缓冲器缓冲并锁存，当某一键闭合时，附加的移位状态 SHIFT、控制状态 CNTL 及扫描码和回送信号拼装成一个字节的"键盘数据"送入 8279 内部的 FIFO（先进后出）RAM。键盘的数据格式为：

位号	7	6	5 4 3	2 1 0
	CNTL	SHIFT	扫描(闭合键行号)	回送(闭合键列号)

在传感器矩阵方式和选通方式时，回送线 RL7～RL0 的内容被直接送往相应的 FIFO RAM。输入数据即为 RL7～RL0。数据格式为：

位号	7	6	5	4	3	2	1	0
	RL7	RL6	RL5	RL4	RL3	RL2	RL1	RL0

FIFO/传感器 RAM 是具有双功能的 8×8 RAM。在键盘或选通方式时，它作为 FIFO RAM，依先进先出的规则输入或读出，其状态存放在 FIFO/传感器 RAM 状态寄存器中。只要 FIFO RAM 不空，状态逻辑将置中断请求 IRQ=1；在传感器矩阵方式，作为传感器 RAM，当检测出传感器矩阵的开关状态发生变化时，中断请求信号 IRQ=1。在外部译码扫描方式时，可对 8×8 矩阵开关的状态进行扫描，在内部译码扫描方式时，可对 4×8 矩阵开关的状态进行扫描。

显示 RAM 用来存储显示数据，容量是 16×8 位。在显示过程中，存储的显示数据轮流从显示寄存器输出。显示寄存器输出分成两组，即 OUTA0～OUTA3 和 OUTB0～OUTB3，两组可以单独送数，也可以组成一个 8 位的字节输出，该输出与位选扫描线 SL0～SL3 配合就可以实现动态扫描显示。显示地址寄存器用来寄存 CPU 读/写显示 RAM 的地址，可以设置为每次读出或写入后自动递增。

2. 8279 的引脚定义

8279 采用 40 引脚封装，引脚定义如图 7-24 所示。

DB7～DB0：双向外部数据总线，用于传送 8279 与 CPU 之间的命令和状态。可直接与 80C51 系列单片机连接。

$\overline{\text{CS}}$：片选信号，低电平有效。

A0：用来区分信息的特征位。当 A0 为 1 时，CPU 写入 8279 的信息为命令，CPU 从 8279 读出的信息为 8279 的状态；当 A0 为 0 时，传送的信息是数据。

$\overline{\text{RD}}$、$\overline{\text{WR}}$：读和写选通信号线。

IRQ：中断请求输出线。在键盘工作方式下，若 FIFO RAM 中有数据，IRQ 变为高电平，在 FIFO RAM 每次读出

图 7-24 8279 引脚定义

时，IRQ 就下降变成低电平，当 FIFORAM 中还有信息时，此线又重新升为高电平；在传感器工作方式下，每当检测到传感器信号改变时，IRQ 就变为高电平。

RL7~RL0：键盘回送键。是矩阵式键盘或传感器矩阵的列（或行）信号输入线。平时被内部拉成高电平，当某一键闭合时，相应的回送线会拉成低电平。

SL3~SL0：扫描输出线。用于对键盘和显示器进行扫描（位切换），可以编码输出，也可以译码输出。

OUTB3~OUTB0、OUTA3~OUTA0：显示寄存器数据输出线。可分别作为两个 4 位输出接口，也可作为 8 位数据输出接口，OUTB0 为最低位，OUTA3 为最高位。

$\overline{\text{BD}}$：显示器消隐控制线。用于数字切换过程中或执行消隐命令时使显示器消隐。

RESET：复位输入线。当其为高电平有效时，8279 被复位而置于如下方式：

16 位字符显示，左端输入；

编码键盘，双键互锁方式；

时钟分频系数为 31。

SHIFT：换挡键输入线。用于键盘方式的换挡功能。

CNTL/STB：控制/选通输入线。由内部拉成高电平，也可由外部按键拉成低电平。在键盘方式时，其状态同按键信息一起送入 FIFO RAM，可以用于键盘功能的扩充；在选通方式时，CNTL/STB 可以作为送入数据的选通线，上升沿有效。

CLK：为外部时钟输入线，其信号由外部振荡器提供。8279 靠设置定时器将外部时钟变为内部时钟。内部时钟基频等于外部时钟频率除以分频系数。

V_{CC}、GND：分别为 +5V 电电源和地引脚。

3. 8279 的操作命令

CPU 通过对 8279 编程（将控制字写入 8279）来选择其工作方式及进行控制。其命令汇总如表 7-10 所示。

表 7-10　8279 命令汇总

命令特征位			功能特征位				
D7	D6	D5	D4	D3	D2	D1	D0
0　　0　　0 （键盘和显示方式）			0：左输入 1：右输入	0：8 字符 1：16 字符	00：双键互锁 01：N 键轮回 10：传感器矩阵 11：选通输入		0：编码 1：译码
0　　0　　1 （分频系数设置）			2~31				
0　　1　　0 （读 FIFO/传感器 RAM）			0：仅读 1 个单元 1：每次读后地址加 1	×	3 位传感器 RAM 起始地址		
0　　1　　1 （键盘和显示方式）				4 位显示 RAM 起始 地址			
1　　0　　0 （写显示 RAM）							
1　　0　　1 （显示器写禁止/消隐）			×	1：A 组不变 0：A 组可变	1：B 组不变 0：B 组可变	1：A 组消隐 0：恢复	1：A 组消隐 0：恢复

命令特征位	功能特征位			
1　1　0 （清显示及 FIFORAM）	0：不清除 （CA=0） 1：允许清除	00：全清为 0 01：全清为 0 10：清为 20H 11：清为全 1	CF：清 FIFO 使之为空， 且 IRQ=0 读 出地址 0	CA：总清 清显示清 FIFO
1　1　1 （结束中断/特定错误方式）	E	×	×	×	×

（1）显示器和键盘方式设置命令

D7 D6 D5＝000　是键盘/显示方式命令特征字。

D4 D3＝DD 为显示器方式设置位。

D2 D1 D0＝KKK 为键盘工作方式设置位。

8279 可外接 8 位或 16 位 LED 显示器，显示器的每一位对应一个 8 位的显示器缓冲单元。CPU 将显示数据写入缓冲器时有左端输入和右端输入两种方式。左端输入方式较为简单，显示缓冲器 RAM 地址 0～15 分别对应于显示器的 0 位（左）～15 位（右）。CPU 依次从 0 地址或某一地址开始将段数据写入显示缓冲器。右端输入方式是移位，输入数据总是写入右端的显示缓冲器，数据写入显示缓冲器后，原来缓冲器的内容左移一个字节，原来最左端显示缓冲器的内容被移出。该输入方式中，显示器的各位与显示缓冲器的 RAM 的地址并不是对应的。

内部译码的扫描方式时，扫描信号由 SL3～SL0 输出，仅能提供 4 选 1 扫描线。

外部译码工作方式时，内部计数器作二进制计数，4 位二进制计数器的计数状态从扫描线 SL3～SL0 输出，并在外部进行译码。可为键盘/显示器提供 16 选 1 扫描线。

双键互锁工作方式时，键盘中同时有两个以上的键被按下，任何一个键的编码信息均不能进入 FIFO RAM，直至仅剩下一个键闭合时，该键的编码信息方能进入 FIFO RAM。

N 键轮回工作方式时，如有多个键按下，键盘扫描能够根据发现它们的顺序，依次将它们的状态送入 FIFO RAM。

传感器矩阵工作方式，是指片内的去抖动逻辑被禁止掉，传感器的开关状态直接输入到 FIFO RAM 中。因此，传感器开关的闭合或断开均可使 IRQ 马上为 1，向 CPU 快速申请中断。

（2）时钟编程命令

D7 D6 D5＝001 为时钟编程命令特征位。

8279 的内部定时信号是由外部输入时钟经分频后产生的，分频系数由时钟编程命令确定。D4～D0 用来设定对 CLK 端输入时钟的分频次数 N，$N＝2～31$。利用这条命令，可以将来自 CLK 引脚的外部输入时钟分频，以取得 100kHz 的内部时钟信号。例如 CLK 输入时钟频率为 2MHz，获得 100kHz 的内部时钟信号，则需要 20 分频。

（3）读 FIFO/传感器 RAM 命令

D7 D6 D5＝010 为该命令的特征位。

D2～D0（AAA）为起始地址。D4（AI）为多次读出时的地址自动增量标志，D3 无用。在键扫描方式中，AIAAA 均被忽略，CPU 总是按先进先出的规律读键输入数据，直至输入键全部读出为止。在传感器矩阵方式中，若 AI＝1，则 CPU 从起始地址开始依次读出，每读出一个数据地址自动加 1；AI＝0，CPU 仅读出一个单元的内容。

（4）读显示 RAM 命令

D7 D6 D5＝011 为该命令的特征位。

D3～D0（AAAA）用来寻址显示 RAM 的 16 各存储单元，AI 为自动增量标志。若 AI＝1，则每次数据读出后地址自动加 1。

（5）写显示 RAM 命令

D7 D6 D5＝100 为该命令的特征位。

D4（AI）为自动增量标志，D3～D0（AAAA）为起始地址，数据写入按左端输入或右端输入方式操作。若 AI＝1，则每次写入后地址自动加 1，直至所有显示 RAM 全部写完。

（6）显示器写禁止/消隐命令

D7 D6 D5＝101 为该命令的特征位。

该命令用以禁止写 A 组和 B 组显示 RAM。

在双 4 位显示器使用时，即 OUTA3～OUTA0 和 OUTB3～OUTB0 独立地作为两个半字节输出时，可改写显示 RAM 中的低半字节而不影响高半字节的状态，反之亦可改写高半字节而不影响低半字节。D1、D0 位是消隐显示器特征位，要消隐两组显示器，必须使之同时为 1，为 0 时则恢复显示。

（7）清除命令

D7 D6 D5＝110 为该命令的特征位。CPU 将清除命令写入 8279，使显示缓冲器呈初态（暗码），该命令同时也能清除输入标志和中断请求标志。

D4 D3 D2（CDCDCD）用来设定清除显示 RAM 的方式。

D1（CF）＝1 为清除 FIFO RAM 的状态标志，FIFO RAM 被置成空状态（无数据），并复位中断请求线 IRQ 时，传感器 RAM 的读出地址也被置成 0.

D0（CA）是总清的特征位，它兼有 CD 和 CF 的联合效用。当 CA＝1 时，对显示 RAM 的清除方式仍由 D3、D2 编码确定。

（8）结束中断/错误方式设置命令

D7 D6 D5＝101 为该命令的特征位。此命令用来结束传感器 RAM 的中断请求。

D4（E）＝0 为结束中断命令。在传感器工作方式中使用。每当传感器状态出现变化时，扫描检测电路就将其状态写入传感器 RAM，并启动中断逻辑使 IRQ 变高，向 CPU 请求中断，并且禁止写入传感器 RAM。此时，若传感器 RAM 读出地址的自动增量特征位未设置（AI＝0），则中断请求 IRQ 在 CPU 第一次从传感器 RAM 读出数据时就被清除。若 AI＝1，则 CPU 对传感器 RAM 读出并不能清除 IRQ，而必须通过给 8279 写入结束中断/设置出错方式命令才能使 IRQ 变低。

D4（E）＝1 为特定错误方式命令。在 8279 已被设定为键盘扫描 N 键轮回方式后，如果 CPU 给 8279 又写入结束中断/错误方式命令（E＝1），则 8279 将以一种特定的错误方式工作。这种方式的特点是：在 8279 消抖周期内，如果发现多个按键同时按下，则 FIFO 状态字中的错误特征位 S/E 将置 1，并产生中断请求信号和阻止写入 FIFO RAM。

4. 8279 的状态字

8279 的状态字节用于键输入和选通输入方式中，指出 FIFO RAM 中的字符个数和是否出错。状态字节的格式如下。

位号	7	6	5	4	3	2	1	0
	DU	S/E	O	U	F	N	N	N

D2~D0（NNN）：表示 FIFO RAM 中的数据的个数。

D3（F）=1 时，表示 FIFO RAM 已满（存有 8 各键入数据）。

D4（U）：在 FIFO RAM 中没有输入字符时，CPU 读 FIFO RAM 时则置 U 为 1。

D5（O）：当 FIFO RAM 已满，又输入一个字符而发出溢出时置 1。

D6（S/E）：用于传感器矩阵输入方式，至少有一个传感器闭合时置 1；当 8279 工作在特殊错误方式，多键同时按下时置 1。

D7（DU）：在清除命令执行期间为 1，表示对显示 RAM 写操作无效。

四、8279 的键盘及显示接口

1. 实训目的

学会使用 8279 芯片构成键盘及显示接口。

2. 接口电路

8279 作为键盘/显示的专用接口芯片，在键盘/显示接口电路的设计中具有明显的优势。图 7-25 所示为 8279 的典型用法。

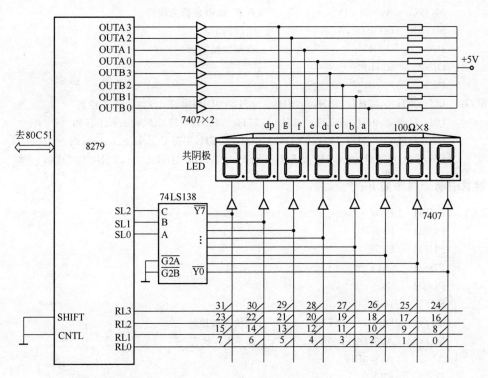

图 7-25　8279 键盘和显示电路接口

3. 程序

初始化程序如下：

```
INIT：  MOV    DPTR,#7FFFH      ;置 8279 命令/状态口地址
        MOV    A,#0D1H          ;置清显示命令字
        MOVX   @DPTR,A          ;送清显示命令
WEIT：  MOVX   A,@DPTR          ;读状态
        JB     ACC.7,WEIT       ;等待清显示 RAM 结束
```

```
        MOV     A,#34H            ;置分频系数
        MOVX    @DPTR,A           ;送分频系数
        MOV     A,#00H            ;置键盘/显示命令
        MOVX    @DPTR,A           ;送键盘/显示命令
        MOV     IE,#84H           ;允许 8279 中断
        RET
```

显示子程序如下：

```
DIS：   MOV     DPTR,#7FFFH       ;置 8279 命令/状态口地址
        MOV     R0,#30H           ;字段码首地址
        MOV     R7,#08H           ;8 位显示
        MOV     A,#90H            ;置显示命令字
        MOVX    @DPTR,A           ;送显示命令
        MOV     DPTR,#7FFFH       ;置数据口地址
LP：    MOV     A,@R0             ;取显示数据
        ADD     A,#5              ;加偏移量
        MOVC    A,@A+PC           ;查表,取得数据的段码
        MOVX    @DPTR,A           ;送段码显示
        INC     R0                ;调整数据指针
        DJNZ    R7,LP             ;
        RET                       ;
SEG：   DB  3FH，06H，5BH，4FH，66H，6DH;字符 0、1、2、3、4、5 段码
        DB  7DH，07H，7EH，6FH，77H，7CH;字符 6、7、8、9、A、b 段码
        DB  39H，5EH，79H，71H，73H，3EH;字符 C、d、E、F、P、U 段码
        DB  76H，38H，40H，6EH，FFH，00H;字符 H、L、一、Y、日、"空"段码
```

键盘中断子程序如下：

```
KEY：   PUSH    PSW
        PUSH    DPL
        PUSH    DPH
        PUSH    ACC
        PUSH    B
        SETB    PSW.3
        MOV     DPTR,#7FFFH       ;置状态口地址
        MOVX    A,@DPTR           ;读 FIFO 状态
        ANL     A,#0FH            ;
        JZ      PKYR              ;
        MOV     A,#40H            ;置读 FIFO 命令
        MOVX    @DPTR,A           ;送读 FIFO 命令
        MOV     DPTR,#7FFEH       ;置数据口地址
        MOVX    A,@DPTR           ;读数据
        LJMP    KEY1              ;转键值处理程序
PKYR：  POP     PB
        POP     ACC
        POP     DPH
        POP     DPL
```

```
              POP      PSW
              RETI
    KEY1：…         …                              ;键值处理程序
```

五、串行口键盘及显示接口电路

1. 实训目的

学会使用 8155 构成键盘及显示接口。

2. 接口电路

当 80C51 的串行口未用于串行通信时，可以将其用于键盘和显示器的接口扩展。这里仅给出接口电路，如图 7-26 所示。

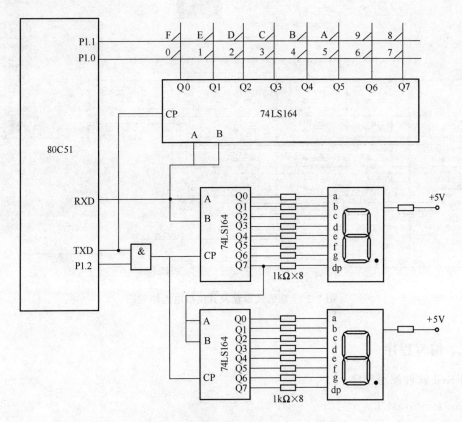

图 7-26　串行口键盘及显示接口电路

任务四　键盘显示器应用示例

一、矩阵式键盘及其接口电路的设计

本任务中矩阵式键盘采用行列式结构，按键设置在行列的交点上。接口线数量为 8，将 4 根接口线定义为行线，另 4 根接口线定义为列线，形成 4×4 键盘。8051 扫描按键状态，如有键按下时，把键值以 BCD 码的形式输出到数码管上。原理图如图 7-27 所示。

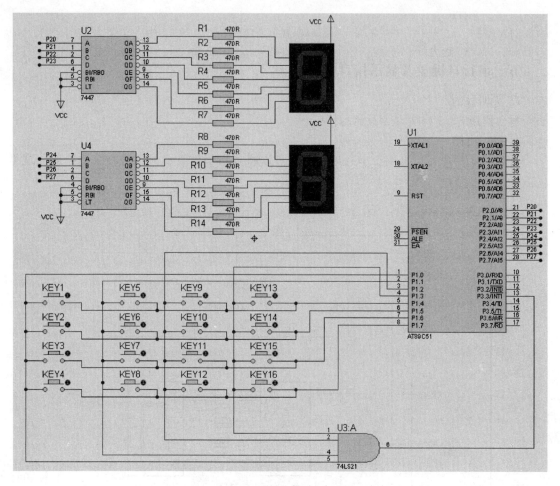

图 7-27 矩阵式键盘及其接口电路原理图

二、编写程序

用 Keil 软件编写程序

```c
# include <reg51. h>
# include <stdio. h>
# define byte unsigned char
                        //中断服务程序
void keyinterrupt()        interrupt 2
{
    int t;
    byte keycode,scancode,flag=0xff;
    t=5000;
    while(t--);
    if(INT1==1)
        return;
    EX1=0;
```

```
        scancode=0xef；
        while(scancode! =0xff)
          {
              P1=scancode；
              keycode=P1；
              if((keycode&0x0f)! =0x0f)
                  break；
              scancode=(keycode<<1)|0x0f；
          }
        keycode=~keycode；
        P2=keycode；              //将扫描码输出,数码管采用具有译码功能的数码管
        P1=0X0F；
        while(1)
        {
          if(INT1==1)
          {
              flag=~flag；
              if(flag==0)
              break；
          }
          t=10000；
          while(t--)；
        }
        EX1=1；
        return；
}
void main(void)
{
        IE=0；
        EX1=1；
        EA=1；                    //中断 open
        P2=0XFF；
        P1=0X0F；
        while(1)
          {
              }
}
```

三、电路仿真

1. 在 Keil 中编译程序，生成 HEX 文件。

```c
#include <reg51.h>
#include <stdio.h>

#define byte unsigned char

//中断服务程序
void keyinterrupt()    interrupt 2
{
    int t;
    byte keycode,scancode,flag=0xff;
    t=5000;
    while(t--);
    if(INT1==1)
        return;
    EX1=0;
    scancode=0xef;
    while(scancode!=0xff)
    {
        P1=scancode;
        keycode=P1;
        if((keycode&0x0f)!=0x0f)
            break;
        scancode=(keycode<<1)|0x0f;
    }
    keycode=~keycode;

    P2=keycode; //将扫描码输出，数码管采用具有译码功能的数码管
    P1=0X0F;
    while(1)
    {
        if(INT1==1)
        {
            flag=~flag;
            if(flag==0)
                break;
        }
        t=10000;
        while(t--);
```

```
Build target 'Target 1'
compiling ex4-5.c...
linking...
Program Size: data=9.0 xdata=0 code=150
creating hex file from "ex4-5"...
"ex4-5" - 0 Error(s), 0 Warning(s).
```

2. 用 protues 软件仿真

按下任何一个键，观察数码管显示。

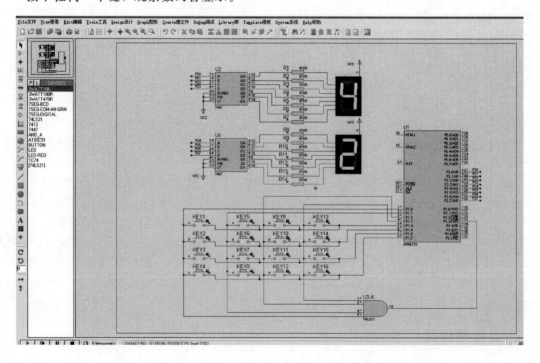

【课后练习】

1. 80C31 为主机，用 2 片 2764EPROM 扩展 16KB ROM，画出硬件接线图。

2. 设计扩展 2KB RAM 和 4KB EPROM 的电路图。

3. 当单片机应用系统中数据存储器 RAM 地址和程序存储器 EPROM 地址重叠时，是否会发生数据冲突，为什么？

4. 80C51 单片机在应用中 P0 和 P2 是否可以直接作为输入/输出连接开关、指示灯等外围设备？

5. 试编写图 8-27 所示接口电路的实现程序？

参 考 文 献

[1]　李全利. 单片机原理及应用技术. 北京：高等教育出版社，2009.

[2]　肖洪兵. 跟我学用单片机. 北京：航空航天大学出版社，2006.

[3]　何宏. 单片机原理与接口技术. 北京：国防工业出版社，2006.

[4]　胡汉才. 单片机原理及其接口技术（第 3 版）. 北京：清华大学出版社，2010.

[5]　李珍，石梅香. 单片机原理与应用技术. 北京：清华大学出版社，2010.